国际科技组织概览

Overview of International Science and Technology Organizations

国际科技组织调查与分析项目组　编著

科学出版社

北　京

内 容 简 介

　　国际科技组织是全球科技治理的重要组成部分，在世界科技舞台发挥着越来越重要的作用。本书将国际科技组织分为联合国系统国际科技组织、政府间国际科技组织、非政府间国际科技组织三类，介绍了 170 个国际科技组织的宗旨、组织架构、会员、重要任职、出版物、系列学术会议、经费来源、授予奖项、与中国的关系等信息。本书按国际科技组织的类型、学科和拼音首字母顺序编排，便于查找。

　　本书适合各级科技管理部门、科研机构、高等教育机构以及对国际科技组织感兴趣或从事对外科技交流的各界人士阅读与参考。

图书在版编目（CIP）数据

国际科技组织概览 / 国际科技组织调查与分析项目组编著.
— 北京：科学出版社，2023.4
　ISBN 978-7-03-075398-4

　Ⅰ.①国… Ⅱ.①国… Ⅲ.①科学研究组织机构－概况－世界　Ⅳ.①G321.2

中国国家版本馆 CIP 数据核字（2023）第 069427 号

责任编辑：任　静 / 责任校对：胡小洁
责任印制：吴兆东 / 封面设计：迷底书装

科 学 出 版 社 出版
北京东黄城根北街 16 号
邮政编码：100717
http://www.sciencep.com

中煤（北京）印务有限公司印刷
科学出版社发行　各地新华书店经销
*

2023 年 4 月第 一 版　开本：720×1 000　1/16
2024 年 8 月第二次印刷　印张：14 1/4
字数：287 000
定价：118.00 元
（如有印装质量问题，我社负责调换）

编 委 会

前　言

科学技术是人类共同的财富。随着人类科学技术活动的全球化程度加深，技术创新和开放合作的整体趋势不可阻挡。随着我国综合实力和科技水平的不断增强，我国科技界需要更广泛地参与全球科技治理，进一步增强在国际科技组织事务中的话语权，在多边的国际科技合作中发挥更大作用。2020 年，习近平总书记在第三届世界顶尖科学家论坛致辞中指出"中国将实施更加开放包容、互惠共享的国际科技合作战略，愿同全球顶尖科学家、国际科技组织一道，加强重大科学问题研究，加大共性科学技术破解，加深重点战略科学项目协作"。《中华人民共和国科学技术进步法》作为我国科技领域基本法，在 2021 年的第二次修订中新增了"第八章国际科学技术合作"，其中第八十一条明确规定"鼓励企业事业单位、社会组织和科学技术人员参与和发起国际科学技术组织，增进国际科学技术合作与交流"。

国际组织是基于特定目的，以一定协议形式而建立的跨国机构。广义的国际组织包括政府间国际组织和非政府间国际组织，狭义的国际组织仅指政府间国际组织，是两个以上主权国家的政府为实现某一特定目的，以一定的协议形式建立的跨国机构。国际组织是开展国际合作、推动全球治理的重要工具。二战以后，尤其是 20 世纪 70 年代后，随着各国政府日渐意识到国际组织本身在国际舞台上的重要角色，以及国际组织增加落驻地政府在国际事务中的影响力和话语权的作用，全球性、区域性和次区域性国际组织获得快速发展，国际组织数量明显增多，类型也日趋多样。根据国际协会联合会（UIA）最新发布的《国际组织年鉴》，目前全球共有约 7.4 万个国际组织，其中较活跃的国际组织超过 4.2 万个。

国际科技组织作为一种重要的国际组织类型，在为各成员国提供发声平台、推动形成国际科技共同体、促进科技交流合作、形成共同行为准则中扮演了重要角色。随着国际科技组织数量的不断增长，多边的国际科技组织在国际政治、外交等舞台上的地位日益凸显。目前国内与国际科技组织相关的资料匮乏、内容陈旧，各界人士迫切需要专门介绍国际科技组织重要信息的便捷实用的查询指南。考虑到国际科技组织的数量和质量始终处于不断变化的动态过程，本项目组以与我国有较多关联或潜在关联的国际科技组织作为主要的调查和分析对象，历经两年的策划和编纂，终于将这部《国际科技组织概览》呈献给各位读者，供大家在学习和工作中参考。

全书共收录了170个重要的国际科技组织，分为联合国系统国际科技组织、政府间国际科技组织、非政府间国际科技组织三类，全面详细地介绍了每个国际科技组织的宗旨、组织架构、重要任职、出版物、系列学术会议、授予奖项、与中国的关系等信息。本书的编写工作在中国科学院国际合作局"国际科技组织调查与分析"项目资助下完成，特此致谢。本书的一部分原始数据采集工作也承蒙中国科学院大学生创新实践训练计划"国际科技组织调研"项目的资助，在此一并致谢。感谢项目组成员胡智慧、王保成、毛一名、任娇菡、张雅洁、叶尔达纳·肯吉别克、张春花，以及来自各高校的刘怡伶、谢鹏亚、邹欣然、吕佳霖、李睿婧、莎塔娜提·热合木别克对本书原始信息采集所做出的贡献。感谢任真、王溯、葛春雷在全书统稿、审读、校对等环节的细致工作。感谢邱举良、任南衡在本书撰写过程为项目组提供的宝贵意见和建议。

由于作者水平有限，书中难免存在不足之处，敬请读者批评指正。

国家名称代号表

代号	全称
A	
阿	阿尔巴尼亚
阿尔	阿尔及利亚
阿富	阿富汗
阿根	阿根廷
阿联酋	阿拉伯联合酋长国
阿曼	阿曼
阿塞	阿塞拜疆
埃	埃及
埃塞	埃塞俄比亚
爱	爱尔兰
爱沙	爱沙尼亚
安	安道尔
安哥	安哥拉
安提瓜	安提瓜和巴布达
奥	奥地利
澳	澳大利亚
B	
巴	巴基斯坦
巴巴	巴巴多斯
巴哈	巴哈马
巴拉	巴拉圭
巴勒	巴勒斯坦
巴林	巴林
巴拿	巴拿马
巴西	巴西

巴新	巴布亚新几内亚
白	白俄罗斯
保	保加利亚
北	北马其顿
贝	贝宁
比	比利时
冰	冰岛
波	波兰
波黑	波斯尼亚和黑塞哥维那
玻	玻利维亚
伯	伯利兹
博	博茨瓦纳
不	不丹
布	布隆迪
布基	布基纳法索
秘	秘鲁

C

朝	朝鲜
赤几	赤道几内亚

D

丹	丹麦
德	德国
东	东帝汶
多	多哥
多米尼加	多米尼加共和国
多米尼克	多米尼克

E

俄	俄罗斯
厄	厄瓜多尔
厄立	厄立特里亚

F

法	法国
梵	梵蒂冈
菲	菲律宾
斐	斐济
芬	芬兰
佛	佛得角

G

冈	冈比亚
刚果（布）	刚果共和国
刚果（金）	刚果民主共和国
哥伦	哥伦比亚
哥斯	哥斯达黎加
格	格鲁吉亚
格林	格林纳达
古	古巴
圭	圭亚那

H

哈	哈萨克斯坦
海	海地
韩	韩国
荷	荷兰
黑	黑山
洪	洪都拉斯

J

基	基里巴斯
吉	吉尔吉斯斯坦
吉布提	吉布提共和国
几	几内亚
几比	几内亚比绍

加	加拿大
加纳	加纳
加蓬	加蓬
柬	柬埔寨
捷	捷克
津	津巴布韦

K

喀	喀麦隆
卡	卡塔尔
科	科威特
科摩罗	科摩罗
科特	科特迪瓦
克	克罗地亚
肯	肯尼亚
库	库克群岛

L

拉	拉脱维亚
莱	莱索托
老	老挝
黎	黎巴嫩
立	立陶宛
利	利比亚
利比	利比里亚
列	列支敦士登
卢	卢森堡
卢旺	卢旺达
罗	罗马尼亚

M

马	马来西亚
马达	马达加斯加

马尔	马尔代夫
马耳他	马耳他
马拉	马拉维
马里	马里
马绍尔	马绍尔群岛
毛里塔	毛里塔尼亚
毛求	毛里求斯
美	美国
蒙	蒙古
孟	孟加拉国
密	密克罗尼西亚
缅	缅甸
摩	摩洛哥
摩尔	摩尔多瓦
摩纳哥	摩纳哥
莫	莫桑比克
墨	墨西哥

N

纳	纳米比亚
南非	南非共和国
南苏丹	南苏丹
瑙	瑙鲁
尼	尼泊尔
尼加	尼加拉瓜
尼日	尼日利亚
尼日尔	尼日尔
纽	纽埃
挪	挪威

P

帕	帕劳
葡	葡萄牙

R

日　　　　　　　　　　　　　　日本

瑞典　　　　　　　　　　　　瑞典

瑞士　　　　　　　　　　　　瑞士

S

萨　　　　　　　　　　　　　萨尔瓦多

萨摩亚　　　　　　　　　　　萨摩亚

塞　　　　　　　　　　　　　塞浦路斯

塞尔　　　　　　　　　　　　塞尔维亚

塞拉　　　　　　　　　　　　塞拉利昂

塞内　　　　　　　　　　　　塞内加尔

塞舌　　　　　　　　　　　　塞舌尔

沙特　　　　　　　　　　　　沙特阿拉伯

圣　　　　　　　　　　　　　圣马力诺

圣格　　　　　　　　　　　　圣文森特和格林纳丁斯

圣基茨　　　　　　　　　　　圣基茨和尼维斯

圣卢　　　　　　　　　　　　圣卢西亚

圣普　　　　　　　　　　　　圣多美和普林西比

斯　　　　　　　　　　　　　斯洛伐克

斯里　　　　　　　　　　　　斯里兰卡

斯洛　　　　　　　　　　　　斯洛文尼亚

斯威　　　　　　　　　　　　斯威士兰

苏　　　　　　　　　　　　　苏丹

苏里南　　　　　　　　　　　苏里南

所罗门　　　　　　　　　　　所罗门群岛

索　　　　　　　　　　　　　索马里

T

塔　　　　　　　　　　　　　塔吉克斯坦

泰　　　　　　　　　　　　　泰国

坦桑　　　　　　　　　　　　坦桑尼亚

汤　　　　　　　　　　　　　汤加

特立	特立尼达和多巴哥
突	突尼斯
图	图瓦卢
土	土耳其
土库	土库曼斯坦

W

瓦	瓦努阿图
危	危地马拉
委	委内瑞拉
文	文莱
乌	乌拉圭
乌干	乌干达
乌克兰	乌克兰
乌兹	乌兹别克斯坦

X

西	西班牙
希	希腊
新	新加坡
新西	新西兰
匈	匈牙利
叙	叙利亚

Y

牙	牙买加
亚	亚美尼亚
也	也门
伊	伊拉克
伊朗	伊朗
以	以色列
意	意大利
印	印度

印尼	印度尼西亚
英	英国
约	约旦
越	越南

Z

赞	赞比亚
乍	乍得
智	智利
中	中国
中非	中非共和国

目　　录

一、联合国系统国际科技组织

1. 国际电信联盟

【英文全称和缩写】International Telecommunication Union，ITU

【组织类型】联合国组织(UN)

【成立时间】1865 年

【总部(或秘书处)所在地】瑞士日内瓦

【宗旨】负责分配全球无线电频段和卫星轨道，制定电信网络连接标准，改善世界范围内的信息通信连接状况。

【组织架构】设有总秘书处和 3 个专业局(ITU Sectors)：无线电通信局(ITU Radiocommunication Sector)、电信标准化局(ITU Standardization Sector)和电信发展局(ITU Development Sector)。

【会员类型】国家、机构

【会员国】*亚洲*：格、以、土、巴林、伊、约、科、黎、阿曼、巴勒、卡、沙特、叙、阿联酋、也、阿富、亚、阿塞、孟、不、文、柬、中、韩、朝、印、印尼、伊朗、日、哈、吉、老、马、马尔、蒙、缅、尼、巴、菲、新、斯里、塔、泰、东、土库、乌兹、越；*欧洲*：阿、安、奥、比、波黑、保、克、塞、捷、丹、爱沙、芬、法、德、希、匈、冰、爱、意、拉、列、立、卢、马耳他、北、摩尔、摩纳哥、黑、荷、挪、波、葡、罗、圣、塞尔、斯、斯洛、西、瑞典、瑞士、梵、乌克兰、英、俄、白；*非洲*：安哥、贝、博、布基、布、佛、喀、中非、乍、科特、刚果(金)、刚果(布)、赤几、厄立、埃塞、加蓬、冈、加纳、几、几比、肯、莱、利比、马达、马拉、马里、毛求、莫、纳、尼日尔、尼日、卢旺、圣普、塞内、塞舌、塞拉、斯威、南非、南苏丹、坦桑、多、乌干、赞、津、阿尔、科摩罗、吉布提、埃、利、毛里塔、摩、索、苏、突；*大洋洲*：澳、新西、斐、基、马绍尔、密、瑙、巴新、萨摩亚、所罗门、汤、图、瓦；*北美洲*：安提瓜、巴哈、巴巴、伯、加、哥斯、古、多米尼克、多米尼加、萨、格林、危、海、洪、牙、墨、尼加、巴拿、圣卢、圣格、特立、美；*南美洲*：阿根、玻、巴西、智、哥伦、厄、圭、巴拉、秘、苏里南、乌、委

【会员机构】900 多家企业、大学、科研机构、国际组织、区域组织

【现任秘书长】2023－2027 年：Doreen Bogdan-Martin（美）

【现任副秘书长】2023－2027 年：Tomas Lamanauskas（立）

【近十年秘书长】2018－2022 年：赵厚麟（中）

【出版物】主办期刊《国际电信联盟未来和发展中的技术杂志》（ITU Journal on Future and Evolving Technologies）、《国际电信联盟新闻杂志》（ITU News Magazine）

【例会周期】每年召开一次理事会会议

【系列学术会议】3～4 年举办一次世界无线电通信大会（World Radiocommu-nication Conference），2000 年在土耳其伊斯坦布尔举行，2003 年、2007 年、2012 年、2015 年均在瑞士日内瓦举行，2019 年在埃及沙姆沙伊赫举行。2012 年，在阿联酋迪拜举行国际电信世界大会（World Conference on International Telecommunications），151 个国家代表参会。4 年举办一次世界电信标准化全会（World Telecommunication Standardization Assembly），2008 年在南非约翰内斯堡举行，2012 年在阿联酋迪拜举行，2016 年在突尼斯哈马马特举行。3～4 年举行一次世界电信发展大会（World Telecommunication Development Conference），2010 年在印度海德拉巴举行，2014 年在阿联酋迪拜举行，2017 年在阿根廷布宜诺斯艾利斯举行。6 年举办一次世界通信政策论坛（World Telecommunication Policy Forum），2013 年、2019 年在瑞士日内瓦举行。

【对外资助计划】设有 ITU 无障碍信托基金（ITU Accessibility Trust Fund），在会员国推广电信领域的优秀实践，在发展中国家推动电信服务和推广技术标准，降低电信技术与服务的应用门槛。

【授予奖项】数字世界奖（ITU Digital World Awards）：表彰电信领域最具创新性和最有发展前景的中小型企业。

【经费来源】会费

【与中国的关系】原邮电部设计院工程师赵厚麟于 1998 年当选 ITU 电信标准化局局长，于 2010 年当选 ITU 副秘书长，于 2014 年当选 ITU 秘书长，2018 年连任 ITU 秘书长。亚信科技（中国）有限公司、中国长城工业集团有限公司、中国移动通信集团有限公司、中国电信集团有限公司、中国联合网络通信集团有限公司、中国卫星通信集团有限公司、中国铁塔股份有限公司、中国电力科学研究院、中国电子科技集团公司信息科学研究院、电子科技大学等企业、科研机构、高校都是 ITU 的会员机构。

【官方网站】https://www.itu.int/en

2. 国际海事组织

【英文全称和缩写】International Maritime Organization，IMO

【组织类型】联合国组织（UN）

【成立时间】1948年

【总部（或秘书处）所在地】英国伦敦

【宗旨】致力于保障船舶安全和防止船舶造成的海洋和大气污染。

【主要活动】采取措施以防止油轮事故并将其后果降到最低，推动各国签署了《1973年国际防止船舶造成污染公约》，并先后通过了《国际安全管理守则》《1978年海员培训、发证和值班标准国际公约》《国际船舶和港口设施保安规则》《制止危及海上航行安全非法行为公约》《海上移动式钻井平台构造和设备规则》等。

【组织架构】设大会、理事会、5个专业委员会，分别为：海上安全委员会（Maritime Safety Committee）、海洋环境保护委员会（The Marine Environment Protection Committee）、法律委员会（Legal Committee）、技术合作委员会（Technical Cooperation Committee）、便利运输委员会（Facilitation Committee）。

【会员类型】国家

【会员国】*亚洲*：马、亚、马尔、阿塞、巴林、孟、蒙、缅、尼、文、柬、阿曼、中、巴、菲、卡、韩、朝、沙特、新、格、斯里、叙、泰、东、印、印尼、伊朗、土、伊、土库、以、阿联酋、日、约、哈、科、越、黎、也；*欧洲*：阿、立、卢、马耳他、奥、摩纳哥、白、黑、比、波黑、荷、保、北、挪、克、波、葡、塞、捷、摩尔、罗、丹、俄、圣、爱沙、塞尔、芬、法、斯、斯洛、德、西、希、瑞典、瑞士、匈、冰、爱、意、乌克兰、英、拉；*非洲*：阿尔、安哥、马达、马拉、毛里塔、毛求、摩、莫、贝、纳、佛、尼日、喀、科摩罗、刚果（布）、刚果（金）、科特、吉布提、埃、圣普、赤几、厄立、塞内、埃塞、塞舌、塞拉、加蓬、冈、索、南非、加纳、苏、几、几比、多、突、乌干、坦桑、肯、利比、赞、利、津；*大洋洲*：澳、马绍尔、瑙、新西、帕、巴新、库、萨摩亚、斐、所罗门、汤、图、基、瓦；*北美洲*：安提瓜、巴哈、墨、巴巴、伯、尼加、加、巴拿、哥斯、古、圣基茨、圣卢、多米尼克、多米尼加、圣格、萨、格林、危、海、洪、特立、牙、美；*南美洲*：阿根、玻、巴西、智、哥伦、巴拉、秘、厄、苏里南、圭、乌、委

【现任秘书长】2016－2023年：Kitack Lim（韩）

【近十年秘书长】2004－2011 年：Efthimios E. Mitropoulos（希）；2012－2015年：Koji Sekimizu（日）

【例会周期】每两年召开一次理事会会议

【对外资助计划】设有技术合作计划（Technical Cooperation Programme），专门针对缺乏海运相关技术和资源的发展中国家提供援助。

【经费来源】各国捐赠

【与中国的关系】中国于 1973 年成为 IMO 会员国。2013 年 10 月，在南京举行了由中国交通运输部主办、江苏海事局承办的 IMO 第二届渡船营运安全国际会议。2014 年 11 月，IMO 海事安全委员会审议通过了对北斗卫星导航系统认可的航行安全通函，标志着北斗卫星导航系统正式成为继全球定位系统（GPS）、格洛纳斯卫星导航系统后第三个服务世界航海用户的全球卫星导航系统。2017 年 5 月，"一带一路"国际合作高峰论坛期间，中国交通运输部部长李小鹏与 IMO 秘书长林基泽（Kitack Lim）共同签署了《中国交通运输部与国际海事组织关于通过"21 世纪海上丝绸之路"倡议推动 IMO 文件有效实施的合作意向书》，双方将加强合作，帮助发展中国家培养海运人才和加强能力建设。2017 年 12 月，中国交通运输部国际合作司张晓杰副司长当选 IMO 理事会主席。

【官方网站】https://www.imo.org/en

3. 国际理论物理中心

【英文全称和缩写】The Abdus Salam International Centre for Theoretical Physics，ICTP

【组织类型】联合国组织（UN）

【成立时间】1964 年

【宗旨】作为联合国教育、科学及文化组织的一级机构，旨在促进发展中国家的物理和数学科学研究活动，为各国科学家提供国际交流的科学论坛。

【秘书处（或总部）所在地】意大利里雅斯特

【组织架构】下设 7 个专业领域的研究部：高能、宇宙学和天体粒子物理学部（High Energy，Cosmology and Astroparticle Physics）、凝聚态和统计物理学部（Condensed Matter and Statistical Physics）、数学部（Mathematics）、地理系统物理学部（Earth System Physics）、科技与创新部（Science，Technology and Innovation）、定量生命科学部（Quantitative Life Sciences）、新领域部（New Research Areas）

【现任主席】2019 年至今：Atish Dabholkar（印）

【近十年主席】2009－2019 年：Fernando Quevedo（英）

【例会周期】每年一次理事会会议，各个专业领域的研究部每年各自不定期组织座谈会(colloquia)

【对外资助计划】设有研究生教育项目，为发展中国家的学生提供奖学金；与联合国教育、科学及文化组织(UNESCO)、国际原子能机构联合设立教育培训项目(Sandwich Training Educational Programme)，为发展中国家的博士生提供物理学和数学领域的研究经费。

【经费来源】由意大利政府、UNESCO、国际原子能机构共同资助。

【授予奖项】狄拉克勋章(The Dirac Medal)：奖励对理论物理学做出重要贡献的科学家，每年颁发一次；ICTP 奖(The ICTP Prize)：表彰来自发展中国家和在发展中国家工作的年轻科学家在物理学方面做出的杰出贡献，每年颁发一次；ICO/ICTP 加里诺·德纳多奖(ICO/ICTP Gallieno Denardo Award)：由 ICTP 与国际光学委员会(ICO)共同设立，奖励来自发展中国家、为本国或其他发展中国家的光纤研究做出杰出贡献的 40 岁以下的青年科学家，每年颁发一次；拉马努金奖(The Ramanujan Prize)：奖励发展中国家的青年数学家，每年颁发一次；沃尔特·科恩奖(The Walter Kohn Prize)：奖励在量子力学材料和分子建模领域取得杰出成果的青年科学家，两年颁发一次。

【与中国的关系】中国科学院前院长周光召院士曾任 ICTP 科学委员会委员。截至 2015 年，中国有 300 多名学者被聘为该中心的客座研究员，还有 30 多名科学家被聘为高级客座研究员。自 1970 年以来，我国有 3000 多名学者被邀请访问 ICTP，特别是自 1988 年以来，我国访问 ICTP 的学者每年均在 200 人左右。ICTP 作为第三世界国家科学家培训、交流与科研的基地，为我国及其他发展中国家培养人才做出了重要的贡献。与 ICTP 签有合作协议的中国机构有 60 多家，主要是高等院校、中国科学院下属的科研机构。2017 年 5 月，中国科学院与 UNESCO 在北京签约，在中国科学院大学建立了 UNESCO 二类机构国际理论物理中心亚太地区中心(ICTP-Asia Pacific)。

【官方网站】https://www.ictp.it/#close

4. 国际农业发展基金

【英文全称和缩写】International Fund for Agricultural Development，IFAD

【组织类型】联合国组织(UN)

【成立时间】1978 年

【总部(或秘书处)所在地】意大利罗马

【宗旨】通过筹集资金，以优惠条件提供给发展中的成员国，用于发展粮食生产，改善人民营养水平，逐步消除农村贫困。

【主要活动】发布农业发展相关研究报告、相关资助项目的进展报告和技术手册，例如《综合农业系统培训手册》（Integrated Farming Systems Training Manual）等。

【组织架构】设管理理事会（Governing Council）和执行董事会（Executive Board）

【会员类型】国家

【会员国】*亚洲*：阿富、亚、阿塞、孟、不、柬、中、朝、格、印、印尼、伊、约、吉、老、黎、马尔、蒙、缅、尼、巴、巴勒、菲、斯里、叙、塔、泰、东、土、乌兹、越、也；*欧洲*：阿、波黑、塞、黑、北、摩尔、罗；*非洲*：阿尔、安哥、贝、博、布基、布、佛、喀、中非、乍、科摩罗、科特、刚果（布）、刚果（金）、吉布提、埃、赤几、厄立、埃塞、加蓬、冈、加纳、几、几比、肯、莱、利比、马达、马拉、马里、毛里塔、毛求、摩、莫、纳、尼日尔、尼日、卢旺、圣普、塞内、塞舌、塞拉、斯威、索、南苏丹、苏、多、突、乌干、坦桑、赞、津；*大洋洲*：斐、基、巴新、萨摩亚、所罗门、汤；*北美洲*：伯、哥斯、古、多米尼加、萨、格林、危、海、洪、牙、墨、尼加、巴拿、圣卢、圣格；*南美洲*：阿根、玻、巴西、智、哥伦、厄、圭、巴拉、秘、苏里南、乌、委

【现任总裁】2022—2026年：Alvaro Lario（西）

【近十年总裁】2017—2022年：Gilbert F. Houngbo（多）

【出版物】每年出版《年度报告》（IFAD Annual Report），不定期出版政策报告、国别报告和战略报告等。

【例会周期】每年召开一次理事会会议

【对外资助计划】设有定位不同的农业发展、减贫资助项目与倡议，如小农户农业适应计划（Adaptation for Smallholder Agriculture Programme）、农商资本基金（Agri-Business Capital Fund）等。

【经费来源】会员国分摊、贷款收益、投资收益、非会员国捐款

【与中国的关系】1980年1月，中国正式加入国际农业发展基金。1981年6月，签署《中华人民共和国和国际农业发展基金之间的贷款协定》。2018年2月，中国宣布在IFAD设立南南及三方合作基金，专门支持农村减贫和发展领域的南南经验与技术交流、知识分享、能力建设与投资促进等。IFAD于2005年在北京设立联络办公室。2017年8月，IFAD驻华代表处正式成立，办公地址：北京市亮马河南路2号联合国大楼。

【官方网站】http://www.ifad.org

5. 国际细胞研究组织

【英文全称和缩写】International Cell Research Organization，ICRO

【组织类型】联合国组织(UN)

【成立时间】1962 年

【宗旨】作为联合国教育、科学及文化组织(UNESCO)支持建立的国际科学组织，致力于协助其推动细胞生物学领域的国际合作研究和人才培养。

【组织架构】设理事会和执行委员会

【现任主席】Gerald Schatten(美)

【现任副主席】Balazs Sarkadi(匈)

【例会周期】4 年召开一次理事会会议

【对外资助计划】对各国青年科研人员提供各类培训课程，目前已经在全球 80 个国家组织过 470 多场培训，目前正在实施的有 4 个，分别是：癌症和干细胞前沿课程(Frontiers in Cancer and Stem Cells)、衰老、阿尔茨海默病和再生前沿课程(Frontiers in Aging，Alzheimers and Regeneration)、成瘾研究和怀孕前沿课程(Frontiers in Addiction Research and Pregnancy)、干细胞和再生前沿课程(Frontiers in Stem Cells and Regeneration)。

【经费来源】捐款

【与中国的关系】中国科学院上海生物化学研究所前所长林其谁院士曾于 2003－2007 年担任 ICRO 主席。

【官方网站】https://icro-unesco.org/dev/

6. 国际原子能机构

【英文全称和缩写】International Atomic Energy Agency，IAEA

【组织类型】联合国组织(UN)

【成立时间】1957 年

【总部(或秘书处)所在地】奥地利维也纳

【宗旨】旨在加速并扩大原子能对世界和平、健康和繁荣的贡献，促进核能和平利用、在世界范围内促进核技术合作和科学发展，协助会员国特别是发展中国家防止环境受到核污染。

【组织架构】设有一个理事会，下设技术合作司(Department of Technical Cooperation)、核能司(Department of Nuclear Energy)、核安全司(Department of

Nuclear Safety and Security)、核科学与应用司(Department of Nuclear Science and Applications)4 个专业部门。

【会员类型】国家

【会员国】*亚洲*：阿富、印、印尼、以、日、韩、缅、巴、斯里、泰、土、越、伊朗、菲、伊、黎、沙特、叙、科、约、新、马、孟、蒙、卡、阿联酋、中、亚、哈、乌兹、也、格、阿塞、塔、吉、尼、巴林、柬、阿曼、老、文、土库；*欧洲*：阿、奥、白、保、丹、法、德、希、梵、匈、冰、意、摩纳哥、荷、挪、波、葡、罗、俄、西、瑞典、瑞士、乌克兰、英、比、芬、卢、塞、列、爱、爱沙、斯洛、克、捷、立、斯、北、波黑、拉、马耳他、摩尔、塞尔、黑、圣；*非洲*：埃、埃塞、摩、南非、突、苏、加纳、塞内、马里、刚果(金)、刚果(布)、利比、阿尔、科特、利、喀、加蓬、尼日、肯、马达、塞拉、乌干、尼日尔、赞、毛求、坦桑、纳、津、布基、安哥、贝、中非、博、厄立、塞舌、毛里塔、乍、马拉、莫、布、莱、卢旺、多、斯威、吉布提、科摩罗；*大洋洲*：澳、新西、马绍尔、帕、汤、斐、巴新、瓦；*北美洲*：加、古、多米尼加、萨、危、海、美、墨、哥斯、牙、巴拿、尼加、洪、伯、多米尼克、特立、巴哈、安提瓜、巴巴、圣格、格林、圣卢；*南美洲*：阿根、巴西、巴拉、秘、委、厄、智、哥伦、玻、乌、圭

【现任总干事】2019－2023 年：Rafael Mariano Grossi(阿根)

【现任副总干事】2019－2023 年：Margaret Doane(美)；Najat Mokhtar(摩)；刘华(中)；Massimo Aparo(意)；Mikhail Chudakov(俄)；Lydie Evrard(法)

【近十年总干事】2009－2019 年：Yukiya Amano(日)

【出版物】主办期刊《国际原子能机构通报》(IAEA Bulletin)、《核聚变》(Nuclear Fusion)，制定 IAEA《安全标准》(Safety Standards)，围绕核能、安全利用、相关技术、国际法、人类健康等持续发布系列报告，就国际核能安全利用方面达成的一致性原则持续发布《核安保丛书》(Nuclear Security Series)。发布各类专题报告，如《世界铀成矿省分布》(World Distribution of Uranium Provinces)、《各国核能概况》(Country Nuclear Power Profiles)、《气候变化与核能》(Climate Change and Nuclear Power)等。

【例会周期】每年召开一次理事会会议

【对外资助计划】技术合作计划(Technical Cooperation Programme)：旨在帮助会员国实现核技术转化，帮助应对健康、营养、农业、工业应用、核知识管理等关键问题，帮助会员国定位未来的能源需求，提高辐射防护能力，提供相关法律支持等；协同研究项目(Coordinated Research Project)：旨在帮助在世界

范围内实现原子能的和平利用；癌症治疗行动计划（Programme of Action for Cancer Therapy）：为会员国提供人员教育培训、技术指导、相关材料工具与装备等，支持以更安全的方式将核技术运用于癌症的诊断与治疗；人类健康计划（Human Health Programme）：支持会员国将核技术运用于预防、诊断、治疗各类疾病中；国际创新性核反应堆与核燃料循环项目（International Project on Innovative Nuclear Reactors and Fuel Cycles）：支持会员国针对核反应堆和燃料的循环制定长期计划和建立合作关系，以制度化的方式推动核能可持续发展；教育与培训项目（Education and Training）：为会员国提供关于核技术相关的教育和培训课程。

【经费来源】接受捐款、基金支持

【与中国的关系】1984年，中国正式成为 IAEA 会员国。2013年5月，中国科学院等离子体物理研究所与 IAEA 合作召开"第九届国际原子能技术会议——聚变研究中的控制、数据采集和远程参与"。2014年9月，中国科学院合肥物质科学研究院核能安全技术研究所与 IAEA 合作召开"加速器驱动系统应用和低浓缩铀在该系统中的使用"国际研讨会。中国生态环境部原副部长、国家核安全局原局长刘华从 2021 年开始担任 IAEA 副总干事，兼任技术合作司司长。

【官方网站】http://www.iaea.org/

7. 联合国大学

【英文全称和缩写】United Nations University，UNU

【组织类型】联合国组织（UN）

【成立时间】1973年

【总部（或秘书处）所在地】日本东京

【宗旨】通过合作研究和教育，努力解决联合国及其会员国所关注的人类生存、发展和福祉等紧迫的全球性问题。

【组织架构】在全球设有 13 个研究所：（美国纽约）联合国大学政策研究中心（Centre for Policy Research）、（比利时布鲁日）比较区域一体化研究所（Institute on Comparative Regional Integration Studies）、（葡萄牙吉马良斯）政策驱动的电子治理运营单元（Operating Unit on Policy-Driven Electronic Governance）、（德国波恩）环境与人类安全研究所（Institute for Environment and Human Security）、（德国德累斯顿）物质通量和资源综合管理研究所（Institute for Integrated Management of Material Fluxes and of Resources）、（日本东京）可持续发展高级研究所（Institute for the Advanced Study of Sustainability）、（马来西亚吉隆坡）国际全球卫生研究所

(International Institute for Global Health)、(加纳阿克拉)非洲自然资源研究所(Institute for Natural Resources in Africa)、(加拿大汉密尔顿)水、环境与健康研究所(Institute for Water，Environment and Health)、(中国澳门)澳门研究所(Institute in Macau)、(荷兰马斯特里赫特)马斯特里赫特经济与社会创新技术研究所(Maastricht Economic and Social Research Institute on Innovation and Technology)、(芬兰赫尔辛基)世界发展经济学研究所(World Institute for Development Economics Research)、(委内瑞拉加拉加斯)拉丁美洲和加勒比生物技术计划(Biotechnology Programme for Latin America and the Caribbean)。

【现任校长】2013－2023 年：David M.Malone(加)

【现任副校长】2013－2023 年：Sawako Shirahase(日)

【近十年校长】2007－2013 年：Konrad Osterwalder(瑞士)

【例会周期】理事会每年至少召开一次例会

【对外资助计划】围绕联合国制定的 17 个可持续发展目标设立研究项目，旨在激发全球行动克服联合国及其会员国面临的重大挑战。

【经费来源】来自各国政府、机构、基金会、个人捐助者的自愿捐款、其捐赠基金的投资收益。

【与中国的关系】中国从 1980 年起与 UNU 签订了合作协议，国内多家科研机构和大学参与了 UNU 在能源、资源、环境、生态、农林、信息技术、科技政策等方面开展的一系列合作。中国科技部是 UNU 在中国的归口联系单位，于 2011 年 12 月与 UNU 签署了《中华人民共和国科学技术部与联合国大学谅解备忘录》。1991 年，科技部与 UNU 联合在中国澳门建立了 UNU 国际软件技术研究所(UNU-IIST)。2008 年 9 月，甘肃自然能源研究所与 UNU 签署合作协议，成为 UNU 在中国内地的首家合作研究机构。2016 年 11 月，青岛市政府与UNU、中国科学院大学举行"共建联合国大学国际可再生能源学院合作备忘录"签约仪式，确定将 UNU 国际可再生能源学院落户青岛。清华大学薛澜教授曾于 2016－2019 年担任 UNU 理事会成员。

【官方网站】https://unu.edu/

8. 联合国防治荒漠化公约

【英文全称和缩写】United Nations Convention to Combat Desertification，UNCCD

【组织类型】国际公约组织

【成立时间】1994 年

【总部(或秘书处)所在地】德国波恩

【宗旨】为《联合国防治荒漠化公约》的缔约方会议及其附属机构提供服务，推动其为实施公约做出有效决策和采取行动。

【主要活动】不定期发布各类研究报告，如《绿色长城项目：实施现状与2030年发展方向》(The Great Green Wall: Implementation Status and Way Ahead to 2030)、《小岛屿发展中国家的土地退化中和》(Land Degradation Neutrality in Small Island Developing States)等。

【组织架构】设执行秘书处

【会员类型】国家

【会员国】*亚洲*：阿富、阿联酋、阿曼、阿塞、巴、巴勒、巴林、不、朝、东、菲、格、哈、韩、吉、柬、卡、科、老、黎、马尔、马、蒙、孟、缅、尼、日、沙特、斯里、塔、泰、土、土库、文、乌兹、新、叙、亚、也、伊、伊朗、印、印尼、约、越、中、巴勒；*欧洲*：阿、爱、爱沙、安、奥、白、保、北、比、冰、波、波黑、丹、德、俄、法、芬、荷、黑、捷、克、拉、立、卢、罗、马耳他、摩尔、摩纳哥、挪、葡、瑞典、瑞士、塞尔、塞、圣、斯、斯洛、乌克兰、西、希、匈、意、英；*非洲*：阿尔、埃、埃塞、安哥、贝、博、布基、布、赤几、多、厄立、佛、冈、刚果(布)、刚果(金)、吉布提、几、几比、加蓬、加纳、津、喀、科摩罗、科特、肯、莱、利比、利、卢旺、马达、马拉、马里、毛求、毛里塔、摩、莫、纳、南非、尼日尔、尼日、塞拉、塞内、塞舌、圣普、斯威、南苏丹、索、突、乌干、坦桑、赞、乍、中非；*大洋洲*：澳、巴新、斐、基、库、马绍尔、密、瑙、纽、帕、萨摩亚、所罗门、汤、图、瓦、新西、库、纽；*北美洲*：安提瓜、巴巴、巴哈、巴拿、伯、多米尼加、多米尼克、格林、哥斯、古、海、洪、加、墨、尼加、萨、圣基茨、圣卢、圣格、特立、危、牙；*南美洲*：阿根、巴拉、巴西、秘、玻、厄、哥伦、圭、苏里南、委、乌、智

【现任执行秘书】2019－2025年：Ibrahim Thiaw(毛里塔)

【近十年执行秘书】2013－2019年：Monique Barbut(法)

【例会周期】两年举行一次缔约方大会

【对外资助计划】设有土地退化零增长目标设定计划(Land Degradation Neutrality Target Setting Programme)，帮助各国设定符合自身特点的土地退化零增长目标并确定实现方法；设有土地退化零增长基金(The Land Degradation Neutrality Fund)，为推动可持续的资源利用、保障粮食与水源安全、减少碳排放等提供资金。

【授予奖项】生命大地奖(Land for Life Award)：表彰对推动可持续土地管理和实现土地退化中和目标有重要推动作用的生态学和社会学方法实践。

【经费来源】各国捐赠

【与中国的关系】中国是 UNCCD 的会员国。2017 年 9 月，第 13 次 UNCCD 缔约方会议在中国内蒙古鄂尔多斯市举行，并启动了土地退化零增长基金。

【官方网站】https://www.unccd.int/

9. 联合国工业发展组织

【英文全称和缩写】United Nations Industrial Development Organization，UNIDO

【组织类型】联合国组织(UN)

【成立时间】1966 年

【总部(或秘书处)所在地】奥地利维也纳

【宗旨】通过工业发展推进扶贫和环境友好型经济增长，提高全世界人民，尤其是最贫困国家人民的生活水平和生活质量。

【主要活动】促进和加快发展中国家及转型经济体的可持续工业发展，专注的主题领域包括：减贫、贸易能力建设、能源与环境。

【组织架构】大会(General Conference)为最高决策机构；工业发展理事会(Industrial Development Board)由大会选出的 53 个成员组成，负责审查工作方案、执行预算，就政策相关问题向大会提出建议；方案与预算委员会负责协助理事会编制和审查本组织的工作方案和其他财务事项。

【会员类型】国家

【会员国】截至 2020 年底，共有 170 个会员国。*亚洲*：阿富、亚、阿塞、巴林、孟、不、柬、中、朝、格、印、印尼、伊朗、伊、以、日、约、哈、科、吉、老、黎、马、马尔、蒙、缅、尼、阿曼、巴、菲、卡、韩、沙特、斯里、巴勒、叙、塔、泰、东、土、土库、阿联酋、乌兹、越、也；*欧洲*：阿、奥、白、波黑、保、克、塞、捷、芬、德、匈、爱、意、卢、马耳他、摩纳哥、黑、荷、北、挪、波、摩尔、罗、俄、塞尔、斯洛、西、瑞典、瑞士、乌克兰；*非洲*：阿尔、安哥、贝、博、布基、布、佛、喀、中非、乍、科摩罗、刚果(布)、科特、吉布提、埃、赤几、厄立、埃塞、加蓬、冈、加纳、几、几比、肯、莱、利比、利、马达、马拉、马里、毛里塔、毛求、摩、莫、纳、尼日尔、尼日、卢旺、圣普、塞内、塞舌、塞拉、斯威、索、南非、苏、多、突、乌干、坦桑、赞、津；*大洋洲*：斐、基、马绍尔、密、巴新、萨摩亚、汤、图、瓦；*北美洲*：安提瓜、巴哈、巴巴、伯、哥斯、古、多米尼克、多米尼加、萨、格林、危、海、洪、牙、墨、尼加、巴拿、圣基茨、圣卢、圣格、特立；*南美洲*：阿根、玻、巴西、智、哥伦、厄、圭、巴拉、秘、苏里南、乌、委

【现任总干事】2021－2025 年：Gerd Müller（德）

【近十年总干事】2006－2013 年：Kandeh Yumkella（塞拉）；2013－2021 年：李勇（中）

【出版物】《工业发展年度报告》（Industrial Development Report）、《工业竞争力与贸易》（Industrial Competitiveness and Trade）

【例会周期】两年举行一次大会，每年举行一次理事会会议、一次方案与预算委员会会议

【对外资助计划】2021 年在世界范围内实施的项目有 638 个，总投入 12.79 亿美元，涉及提高经济竞争力、创造和共享繁荣、保护环境等方面。

【经费来源】会员会费、自愿捐款

【与中国的关系】中国在 1972 年 UNIDO 第 27 届理事会上当选为理事国。1981 年，UNIDO 开始向中国派遣高级工业发展顾问。1998 年，UNIDO 驻华代表处正式成立，位于北京市朝阳区塔园外交人员办公楼 2 单元。2006 年，升级为 UNIDO 驻中国、蒙古、朝鲜和韩国的区域代表处。2013 年，时任财政部副部长李勇担任 UNIDO 总干事，2017 年再度当选。

【官方网站】https://www.unido.org/

10. 联合国环境规划署

【英文全称和缩写】United Nations Environment Programme，UNEP

【组织类型】联合国组织（UN）

【成立时间】1972 年

【总部（或秘书处）所在地】肯尼亚内罗毕

【宗旨】促进环境领域国际合作，并为此提出政策建议；在联合国系统内协调并指导环境规划；审查世界环境状况，以确保环境问题得到各国政府的重视；定期审查国家和国际环境政策和措施对发展中国家造成的影响；促进环境知识传播及信息交流。

【组织架构】设有理事会，由 58 个会员国组成，以及 8 个专业部门，分别为：新闻司（Communication Division）、行政司（Corporate Services Division）、经济司（Economy Division）、生态系统司（Ecosystems Division）、政府事务办公

室（Governance Affairs Office）、法律司（Law Division）、政策与战略规划司（Policy and Programme Division）、科学司（Science Division）。

【会员类型】国家

【会员国】*亚洲*：阿富、阿联酋、阿曼、阿塞、巴、巴勒、巴林、不、朝、东、菲、格、哈、韩、吉、柬、卡、科、老、黎、马尔、马、蒙、孟、缅、尼、日、沙特、斯里、塔、泰、土、土库、文、乌兹、新、叙、亚、也、伊、伊朗、印、印尼、约、越、中；*欧洲*：阿、爱、爱沙、安、奥、白、保、北、比、冰、波、波黑、丹、德、俄、法、芬、荷、黑、捷、克、拉、立、卢、罗、马耳他、摩尔、摩纳哥、挪、葡、瑞典、瑞士、塞尔、塞、圣、斯、斯洛、乌克兰、西、希、匈、意、英；*非洲*：阿尔、埃、埃塞、安哥、贝、博、布基、布、赤几、多、厄立、佛、冈、刚果（布）、刚果（金）、吉布提、几、几比、加蓬、加纳、津、喀、科摩罗、科特、肯、莱、利比、利、卢旺、马达、马拉、马里、毛求、毛里塔、摩、莫、纳、南非、南苏丹、尼日尔、尼日、塞拉、塞内、塞舌、圣普、斯威、苏、索、突、乌干、坦桑、赞、乍、中非；*大洋洲*：澳、巴新、斐、基、库、马绍尔、密、瑙、纽、帕、萨摩亚、所罗门、汤、图、瓦、新西；*北美洲*：安提瓜、巴巴、巴哈、巴拿、伯、多米尼加、多米尼克、格林、哥斯、古、海、洪、加、墨、尼加、萨、圣基茨、圣卢、圣格、特立、危、牙；*南美洲*：阿根、巴拉、巴西、秘、玻、厄、哥伦、圭、苏里南、委、乌、智

【现任执行主任】2019－2027 年：Inger Andersen（丹）

【现任副执行主任】2019－2027 年：Sonja Leighton-Kone（牙）

【出版物】《联合国环境规划署新闻》（UNEP News）

【例会周期】每两年召开一次理事会会议

【系列学术会议】每两年在肯尼亚内罗毕举行一次联合国环境大会（United Nations Environment Assembly）。2021 年，第五届联合国环境大会在肯尼亚内罗毕召开，规模约 1700 余人。

【对外资助计划】设有环境与社会可持续框架（Environmental and Social Sustainability Framework），旨在通过项目的方式，以更有计划和结构化的方式推动对新兴的环境问题及其社会影响的管理。

【授予奖项】地球卫士（Champions of the Earth）：联合国设立的环境领域最高荣誉，奖励对环境领域产生变革性积极影响的杰出主体；青年地球卫士（Young Champions of the Earth）：奖励才华横溢的 18～30 岁的青年环境活动家；笹川环境奖（Sasakawa Prize）：表彰对环保和推动可持续发展做出杰出贡献的个人或组织。以上奖项均每年颁发一次。

【经费来源】设有环境基金(Environment Fund)以吸收各国捐款，另有联合国稳定拨款和从各国筹集的项目经费。

【与中国的关系】中国自 1973 年以来一直是 UNEP 理事会成员。2003 年，UNEP 在北京设立代表处，位于北京市朝阳区亮马河南路 2 号。2012 年，UNEP 与中国环境保护部签署了战略合作框架协议，以加强相互支持、提高发展中国家解决环境问题、实现可持续发展经济、应对环境挑战的能力。2017 年，UNEP 携手中国、肯尼亚政府建立了中非环境合作中心(China-Africa Environmental Cooperation Centre)，以促进中非之间的绿色技术转移，分享绿色发展经验，为中非交流合作搭建新平台。《生物多样性公约》是由 UNEP 于 1992 年 6 月 1 日发起的一项保护地球生物资源的国际性公约，中国于 1992 年 6 月 11 日签署该公约。2021 年 10 月，《生物多样性公约》第十五次缔约方大会在中国昆明召开。中国科学院地理科学与资源研究所刘健研究员曾于 2008－2010 年担任 UNEP 气候变化适应计划主任，现任 UNEP 科学司主任、UNEP 国际生态系统管理伙伴计划(UNEP-IEMP)主任，该计划是由 UNEP 和中国科学院共同发起成立的国际计划。时任国家环保局局长曲格平、时任国家环保总局局长解振华分别于 1992 年、2003 年荣获笹川环境奖。

【官方网站】https://www.unep.org/

11. 联合国教育、科学及文化组织

【英文全称和缩写】United Nations Educational，Scientific and Cultural Organization，UNESCO

【组织类型】联合国组织(UN)

【成立时间】1946 年

【总部(或秘书处)所在地】法国巴黎

【宗旨】旨在通过促进国家间在教育、科学、文化交流方面的合作、促进世界和平与安全，实现全世界对正义与法治、人权与无歧视等基本自由的尊重。

【组织架构】设大会和执行局，大会由 UNESCO 会员国代表组成，每两年召开一次会议。执行局负责 UNESCO 的总体管理，为大会的工作做准备，并确保大会决议正确实施，执行局的 58 个成员由大会选出。

【会员类型】国家

【会员国】*亚洲*：阿富、阿联酋、阿曼、阿塞、巴、巴勒、巴林、不、朝、东、菲、格、哈、韩、吉、柬、卡、科、老、黎、马尔、马、蒙、孟、缅、

尼、日、沙特、斯里、塔、泰、土、土库、文、乌兹、新、叙、亚、也、伊、伊朗、印、印尼、约、越、中；*欧洲*：阿、爱、爱沙、安、奥、白、保、北、比、冰、波、波黑、丹、德、俄、法、芬、荷、黑、捷、克、拉、立、卢、罗、马耳他、摩尔、摩纳哥、挪、葡、瑞典、瑞士、塞尔、塞、圣、斯、斯洛、乌克兰、西、希、匈、意、英；*非洲*：阿尔、埃、埃塞、安哥、贝、博、布基、布、赤几、多、厄立、佛、冈、刚果（布）、刚果（金）、吉布提、几、几比、加蓬、加纳、津、喀、科摩罗、科特、肯、莱、利比、利、卢旺、马达、马拉、马里、毛求、毛里塔、摩、莫、纳、南非、南苏丹、尼日尔、尼日、塞拉、塞内、塞舌、圣普、斯威、苏、索、突、乌干、坦桑、赞、乍、中非；*大洋洲*：澳、巴新、斐、基、库、马绍尔、密、瑙、纽、帕、萨摩亚、所罗门、汤、图、瓦、新西；*北美洲*：安提瓜、巴巴、巴哈、巴拿、伯、多米尼加、多米尼克、格林、哥斯、古、海、洪、加、墨、尼加、萨、圣基茨、圣卢、圣格、特立、危、牙；*南美洲*：阿根、巴拉、巴西、秘、玻、厄、哥伦、圭、苏里南、委、乌、智

【现任总干事】2018－2025 年：Audrey Azoulay（法）

【现任副总干事】2018－2025 年：曲星（中）

【近十年总干事】1999－2009 年：Koïchiro Matsuura（日）；2009－2017 年：Irina Bokova（保）

【例会周期】每两年召开一次会员国代表大会

【经费来源】会员国会费和捐赠

【与中国的关系】中国是 UNESCO 创始国之一，1971 年恢复在联合国的合法地位，1972 年恢复活动。1978 年 10 月，双方签署了《中华人民共和国教育部长、文化部副部长和中国科学院副秘书长与联合国教育、科学和文化组织总干事会谈备忘录》。从 1993 年起，UNESCO 对中国一些西部地区的扫盲、成人技术培训、女童教育研究、少数民族教育研究和基础教育改革等给予各种支持，包括举办研讨会、培训班、资助开发乡土培训教材和资助试点项目等。1984 年，设立 UNESCO 驻华代表处，地址为北京市朝阳区秀水街 1 号外交公寓。2003 年，中国教育部与中国 UNESCO 全国委员会联合发布 "中国全民教育行动计划"。2010 年，新华通讯社与 UNESCO 签署合作备忘录，双方将在教育、科学和文化领域的新闻报道和项目组织方面开展合作。2018 年，中国科学院时任院长白春礼与 UNESCO 助理总干事史凤雅在北京共同签署新的合作伙伴协议，以及 UNESCO 国际自然文化与遗产空间中心（HIST）第二期运行合作协议。时任中国驻比利时大使曲星于 2018 年就任 UNESCO 副总干事。

【官方网站】http://www.unesco.org

12. 联合国开发计划署

【英文全称和缩写】United Nations Development Programme，UNDP

【组织类型】联合国组织(UN)

【成立时间】1965 年

【总部(或秘书处)所在地】美国纽约

【宗旨】向发展中国家和地区提供资金和技术援助，以促进其以人为中心的经济和社会可持续发展。

【主要活动】UNDP 是联合国发展业务系统的中央筹资机构和中心协调组织，主要提供无偿援助，包括提供专家，资助国内外培训、考察及购买硬件。近几年，UNDP 的援助从传统的以加强国外先进技术的吸收和转让为主，转向以扶贫为中心、以环保和社会发展为重点的可持续发展。

【组织架构】设执行办公室(Executive Office)，下设 4 个事务局，分别为对外关系与宣传局(Bureau of External Relations and Advocacy)、管理服务局(Bureau of Management Service)、政策与方案支助局(Bureau of Policy & Programme Support)、危机局(Crisis Bureau)；另设 5 个区域局，分别为非洲区域局(Regional Bureau for Africa)、亚太区域局(Regional Bureau for Asia and Pacific)、阿拉伯国家区域局(Regional Bureau for Arab States)、欧洲和独联体区域局(Regional Bureau for Europe and CIS)、拉丁美洲与加勒比区域局(Regional Bureau for Latin America and Caribbean)。

【会员类型】国家

【会员国】*亚洲*：阿富、亚、阿塞、巴林、孟、不、柬、中、印、印尼、伊朗、伊、约、哈、科、吉、老、黎、马、马尔、蒙、缅、尼、巴、菲、沙特、斯里、叙、塔、泰、东、土、土库、乌兹、越、也、日；*欧洲*：阿、葡、白、波黑、塞、摩尔、黑、北、塞尔、乌克兰、丹、芬、挪；*非洲*：阿尔、安哥、贝、博、布基、布、喀、佛、中非、乍、科摩罗、刚果(布)、吉布提、科特、埃、赤几、厄立、埃塞、加蓬、冈、加纳、几、几比、肯、莱、利比、利、马达、马拉、马里、毛里塔、塞舌、斯威、摩、莫、纳、尼日尔、卢旺、圣普、塞内、塞拉、索、南非、南苏丹、苏、坦桑、多、突、乌干、赞、津、尼日；*大洋洲*：巴新、库、纽、萨摩亚；*北美洲*：巴巴、伯、多米尼加、哥斯、古、萨、危、海、洪、墨、尼加、巴拿、特立、美；*南美洲*：阿根、玻、巴西、智、哥伦、厄、圭、巴拉、秘、苏里南、乌、委

【现任署长】2017－2025 年：Achim Steiner(德国和巴西双重国籍)

【近十年署长】2005－2009 年：Kemal Dervis(土)；2009－2017 年：Helen Clark(新西)

【例会周期】执行办公室每年召开两次例会

【经费来源】常规资金来自联合国成员国和其他多边组织等不同合作伙伴的自愿捐款，其他资金来自各国政府、基金会、私营部门等的指定用途捐款。

【与中国的关系】1979 年，UNDP 设立驻华代表处，位于北京市朝阳区亮马河南路 2 号。2016 年，《中华人民共和国政府与联合国开发计划署关于共同推进丝绸之路经济带和 21 世纪海上丝绸之路建设的谅解备忘录》正式签署。2017 年，中国科技部与 UNDP 签署了《科技部与联合国开发计划署谅解备忘录》。中国籍的徐浩良自 2019 年开始任 UNDP 政策与方案支助局局长。

【官方网站】https://www.undp.org/

13. 联合国粮食及农业组织

【英文全称和缩写】Food and Agriculture Organization，FAO

【组织类型】联合国组织(UN)

【成立时间】1945 年

【总部(或秘书处)所在地】意大利罗马

【宗旨】提高各国人民的营养水平和生活水准；提高所有粮农产品的生产和分配效率；改善农村人口的生活状况，促进世界经济的发展，并最终消除饥饿和贫困。

【主要活动】作为世界粮农领域的信息中心，搜集和传播世界粮农生产、贸易和技术信息，促进成员国之间的信息交流；向成员国提供技术援助，以帮助提高农业技术水平；向成员国特别是发展中成员国家提供农业政策支持和咨询服务；商讨国际粮农领域的重大问题，制定有关国际行为准则和法规。

【组织架构】设大会、理事会和秘书处，理事会领导 4 个技术委员会，分别为：农业委员会、商业问题委员会、渔业委员会、林业委员会。

【会员类型】国家

【会员国】*亚洲*：阿曼、阿富、阿联酋、叙、阿塞、巴、巴林、不、朝、韩、东、菲、格、哈、吉、柬、卡、科、老、黎、马尔、马、蒙、孟、缅、尼、日、沙特、斯里、塔、泰、土、土库、文、乌兹、新、亚、也、伊朗、伊、以、印、印尼、约、越、中；*欧洲*：阿、爱、爱沙、安、奥、白、保、

北、比、冰、波、波黑、丹、德、俄、法、芬、荷、黑、捷、克、拉、立、
卢、罗、马耳他、摩尔、摩纳哥、挪、葡、瑞典、瑞士、塞尔、塞、圣、斯、
斯洛、乌克兰、西、希、匈、意、英；*非洲*：阿尔、埃、埃塞、安哥、贝、
博、布基、布、赤几、多、厄立、佛、冈、刚果(布)、刚果(金)、吉布提、
几、几比、加纳、加蓬、津、喀、科摩罗、科特、肯、莱、利比、利、卢旺、
马里、马达、马拉、毛求、毛里塔、摩、莫、纳、南非、南苏丹、尼日尔、
塞拉、塞内、塞舌、圣普、斯威、苏、索、坦桑、突、乌干、赞、乍、中非；
大洋洲：澳、巴新、斐、基、库、马绍尔、密、瑙、纽、帕、萨摩亚、所罗
门、汤、图、瓦、新西；*北美洲*：安提瓜、巴巴、巴哈、巴拿、伯、多米尼
加、多米尼克、哥斯、格林、古、海、洪、加、美、墨、尼加、萨、圣基茨、
圣卢、圣格、特立、危、牙；*南美洲*：阿根、巴拉、巴西、秘、玻、厄、哥
伦、圭、苏里南、委、乌、智

【现任总干事】2019—2023 年：屈冬玉(中)

【近十年总干事】2011—2019 年：José Graziano da Silva(巴西)

【出版物】发布世界范围内农业发展状况的研究报告，例如，《粮农状况》
报告、《世界渔业和水产养殖状况》报告、《世界森林状况》报告、《农产品市场
状况》报告、《世界渔业和水产养殖状况》报告等。

【例会周期】两年一次(奇数年)

【对外资助计划】支持各类旨在保障粮食供应、应对气候变化对农业影响、
农业资源可持续发展利用的项目，如："2050 非洲畜牧业可持续发展"项目、"墨
西哥土地可持续管理倡议"、"农业减缓气候变化"项目等。

【经费来源】会员国缴纳会费、自愿捐助

【与中国的关系】中国是 FAO 的会员国，双方保持着持续的合作活动。时
任农业农村部副部长屈冬玉于 2019 年当选 FAO 总干事，成为 FAO 历史上首位
中国籍总干事。2018 年 5 月，FAO 政府间茶叶工作组(FAO-IGG/Tea)第 23 届
会议在浙江杭州举办。

【官方网站】http://www.fao.org

14. 联合国气候变化框架公约

【英文全称和缩写】United Nations Framework Convention on Climate
Change，UNFCCC

【组织类型】国际公约组织

【成立时间】1992 年

【总部(或秘书处)所在地】秘书处位于德国波恩

【宗旨】致力于积极应对气候变化

【组织架构】设有项目部（Programme Department），下设 4 个分部，分别为：适应司（Adaptation Division）、执行手段司（Means of Implementation Division）、减灾司（Mitigation Division）、透明度司（Transparency Division）

【会员类型】国家

【会员国】*亚洲*：阿富、亚、阿塞、巴林、孟、不、文、柬、中、朝、格、印、印尼、伊朗、伊、以、日、约、哈、科、吉、老、黎、马、马尔、蒙、缅、尼、阿曼、巴、菲、卡、韩、沙特、新、斯里、巴勒、叙、塔、泰、东、土、土库、阿联酋、乌兹、越、也；*欧洲*：阿、安、奥、白、比、波黑、保、克、塞、捷、丹、爱沙、芬、法、德、希、匈、冰、爱、意、拉、列、立、卢、马耳他、摩纳哥、黑、荷、挪、波、葡、摩尔、罗、俄、圣、塞尔、斯、斯洛、西、瑞典、瑞士、北、乌克兰、英；*非洲*：阿尔、安哥、贝、博、布基、布、佛、喀、中非、乍、科摩罗、刚果(布)、刚果(金)、科特、吉布提、埃、赤几、厄立、埃塞、加蓬、冈、加纳、几、几比、肯、莱、利比、利、马达、马拉、马里、毛里塔、毛求、摩、莫、纳、尼日尔、尼日、卢旺、圣普、塞内、塞舌、塞拉、斯威、索、南非、南苏丹、苏、多、突、乌干、坦桑、赞、津；*大洋洲*：澳、库、斐、基、马绍尔、密、瑙、新西、纽、帕、巴新、萨摩亚、所罗门、汤、图、瓦；*北美洲*：安提瓜、巴哈、巴巴、伯、加、哥斯、古、多米尼克、多米尼加、萨、格林、危、海、洪、牙、墨、尼加、巴拿、圣基茨、圣卢、圣格、特立、美；*南美洲*：阿根、玻、巴西、智、哥伦、厄、圭、巴拉、秘、苏里南、乌、委

【现任执行秘书】2022－2028 年：Simon Stiell（格林）

【近十年执行秘书】2006－2010 年：Yvo de Boer（荷）；2010－2016 年：Christiana Figueres（哥斯）；2016－2022 年：Patricia Espinosa（墨）

【例会周期】每年召开一次缔约方大会

【经费来源】缔约方发达国家的集体筹资、各国自愿捐款

【与中国的关系】中国于 1992 年 6 月签署联合国气候变化框架公约。2019 年 12 月，由气候变化全球行动秘书处、中国科学院科技战略咨询研究院、永续全球环境研究所共同主办的联合国气候变化框架公约缔约方大会"中国-东盟合作共同应对气候变化"中国角边会在西班牙马德里举行。

【官方网站】https://unfccc.int/

15. 联合国政府间气候变化专门委员会

【英文全称和缩写】Intergovernmental Panel on Climate Change，IPCC

【组织类型】联合国组织(UN)

【成立时间】1988 年

【总部(或秘书处)所在地】瑞士日内瓦

【宗旨】对气候变化科学知识的现状，气候变化对社会、经济的潜在影响，以及如何适应和减缓气候变化的可能对策进行评估。

【主要活动】持续发布气候变化相关的评估报告，特别是与《联合国气候变化框架公约》有关的专题报告，IPCC 评估报告已成为国际社会认识和了解气候变化问题的主要科学依据。

【组织架构】设全体大会、主席团、执行委员会、秘书处、4 个技术支持单元(Technical Support Units)，分别是：物理科学基础第一工作组(Working Group I The Physical Science Basis)，影响、适应性和脆弱性第二工作组(Working Group II Impacts，Adaption and Vulnerability)，减缓气候变化第三工作组(Working Group III Mitigation of Climate Change)，国家温室气体清单工作组(Task Force on National Greenhouse Gas Inventories)。

【会员类型】国家

【会员国】*亚洲*：阿富、亚、阿塞、孟、不、文、柬、中、朝、格、印、印尼、伊朗、伊、以、日、约、哈、科、吉、老、黎、马、马尔、蒙、缅、尼、阿曼、巴、菲、卡、韩、沙特、新、斯里、叙、塔、泰、土、土库、阿联酋、乌兹、越、也；*欧洲*：阿、安、奥、白、比、波黑、保、克、塞、捷、丹、爱沙、芬、法、德、希、匈、冰、爱、意、拉、列、立、卢、马耳他、摩纳哥、黑、荷、挪、北、波、葡、摩尔、罗、俄、圣、塞尔、斯、斯洛、西、瑞典、瑞士、乌克兰、英；*非洲*：阿尔、安哥、贝、博、布基、布、佛、喀、乍、科摩罗、刚果(布)、刚果(金)、科特、吉布提、埃、赤几、埃塞、加蓬、冈、加纳、几比、肯、莱、利比、利、马达、马拉、马里、毛求、毛里塔、摩、莫、纳、尼日尔、尼日、几、卢旺、圣普、塞内、塞舌、塞拉、斯威、索、南非、南苏丹、苏、多、突、乌干、坦桑、赞、津、中非；*大洋洲*：澳、库、斐、基、马绍尔、密、瑙、新西、纽、萨摩亚、所罗门、汤、图、瓦；*北美洲*：安提瓜、巴哈、巴巴、伯、加、哥斯、古、多米尼克、多米尼加、萨、格林、危、海、洪、牙、墨、尼加、巴拿、圣基茨、圣卢、圣格、特立、美；*南美洲*：阿根、玻、巴西、智、哥伦、厄、圭、巴拉、秘、苏里南、乌、委

【现任主席】2015 年至今：Hoesung Lee（韩）

【现任副主席】2015 年至今：Youba Sokona（马里）；Thelma Krug（巴西）；Ko Barrett（美）

【近十年主席】2002－2014 年：Rajendra Pachauri（印）

【会议周期】每年召开一次缔约方会议

【经费来源】经费来源于缔约方发达国家的集体筹资以及自愿捐款。

【与中国的关系】中国科学院地理科学与资源研究所刘健研究员曾于 2005－2007 年担任 IPCC 副秘书长，中国气象科学研究院副院长翟盘茂从 2015 年起担任 IPCC 第一工作组联合主席。

【官方网站】http://www.ipcc.ch/

16. 世界气象组织

【英文全称和缩写】World Meteorological Organization，WMO

【组织类型】联合国组织（UN）

【成立时间】1950 年（前身为成立于 1873 年的国际气象组织）

【总部（或秘书处）所在地】瑞士日内瓦

【宗旨】促进气象站网建设方面的国际合作，开展气象、水文及与气象有关的地球物理观测；促进建立和维持各气象中心，提供气象相关服务；推进气象学在航空、水利和农业等领域的应用；鼓励气象相关领域的研究和培训。

【主要活动】WMO 作为各国气象和水文部门国际合作平台，主要在天气、气候、水三大领域开展工作。除气象观测和研究外，WMO 在全球实施各类项目，涉及农业生产、灾后重建、水资源开发、抗击干旱等方面。

【组织架构】设有大会、执行理事会、区域协会、技术委员会和秘书处。技术委员会包括：观测、基础设施与信息系统委员会（Commission for Observation，Infrastructure and Information Systems）、天气、气候、水与相关环境服务应用委员会（Commission for Weather，Climate，Water and Related Environmental Services & Applications）、研究委员会（Research Board）

【会员类型】国家

【会员国】*亚洲*：阿富、巴林、孟、不、柬、中、印、伊朗、伊、日、哈、科、吉、老、马尔、蒙、缅、尼、朝、阿曼、巴、卡、沙特、韩、斯里、塔、泰、土库、阿联酋、乌兹、越、也、文、印尼、马、菲、新、东、亚、阿塞、格、以、约、哈、黎、叙、土；*欧洲*：俄、阿、安、奥、白、比、波黑、保、克、塞、捷、丹、爱沙、芬、法、德、希、匈、冰、爱、意、拉、立、卢、马耳他、摩纳哥、黑、荷、北、挪、波、葡、罗、摩尔、塞尔、斯、斯洛、西、瑞典、瑞士、乌克兰、英；*非洲*：阿尔、安哥、贝、博、布基、布、喀、佛、中非、乍、科摩罗、刚果(布)、刚果(金)、科特、吉布提、埃、厄立、斯威、埃塞、冈、加蓬、加纳、几、几比、肯、莱、利比、利、马达、马拉、马里、毛里塔、毛求、摩、莫、纳、尼日尔、尼日、卢旺、圣普、塞内、塞舌、塞拉、索、南非、南苏丹、苏、坦桑、多、突、乌干、赞、津；*大洋洲*：澳、库、斐、基、密、瑙、新西、纽、巴新、萨摩亚、所罗门、汤、图、瓦、库；*北美洲*：安提瓜、巴哈、巴巴、伯、加、哥斯、古、多米尼克、多米尼加、萨、危、海、洪、牙、墨、尼加、巴拿、圣卢、特立、美；*南美洲*：阿根、玻、巴西、智、哥伦、厄、圭、巴拉、秘、苏里南、乌、委、哥伦、委

【现任主席】2019—2023 年：Gerhard Adrian(德)

【现任副主席】2019—2023 年：Celeste Saulo(阿根)；Albert Martis(荷兰)；Agnes Lawrence Kijazi(坦桑)

【出版物】《世界气象组织公报》(Bulletin)、《世界气象大会报告》(World Meteorological Congress Reports)、《执行理事会报告》(Executive Council Reports)、《区域协会报告》(Regional Association Reports)、《技术委员会报告》(Technical Commission Reports)、《审计委员会报告》(Audit Committee Reports)

【系列学术会议】4 年举办一次世界气象大会

【对外资助计划】设立航空气象计划、农业气象计划、能力发展计划、减少灾害风险计划、教育培训计划、全球大气观测计划、全球数据处理与预测系统、全球观测系统、水文与水资源计划、公共天气服务计划等计划。

【授予奖项】国际气象组织奖(International Meteorological Organization Prize)：表彰在气象领域做出突出贡献的个人，每年颁发一次；伏尔萨拉奖(Vilho Väisälä Awards)：包括仪器与观测方法优秀研究论文奖、仪器与观测方法开发与实施奖两个奖项，均为每两年颁发一次；青年科学家研究奖(Research Award for Young Scientists)：鼓励青年科学家，每年颁发一次；马里奥洛普洛斯教授奖(Professor Mariolopoulos Award)：表彰青年科学家为气象学和气候学领域做出的特殊贡献，每年颁发一次。

【经费来源】主要来自会员国会费(约占 80%)和自愿捐款(约占 20%)。

【与中国的关系】中国于 1972 年加入 WMO，自 1973 年起，中国一直是 WMO 执行理事会成员。1983 年，时任中国气象局局长邹竞蒙当选 WMO 第二副主席，此后连任两届 WMO 主席。中国科学院院士叶笃正、中国科学院院士

秦大河、中国科学院院士曾庆存分别于 2004 年、2008 年、2016 年荣获国际气象组织奖。2001 年，由中国科学院、第三世界科学院（现名"发展中国家科学院"）和 WMO 共同创办了"国际气候论坛"（CTWF），截至 2019 年已经举办了共 18 届 CTWF 国际论坛及培训班。2017 年，中国气象局与 WMO 签署《中国气象局与世界气象组织关于推进区域气象合作和共建"一带一路"的意向书》。

【官方网站】https://public.wmo.int/zh-hans

17. 世界知识产权组织

【英文全称和缩写】World Intellectual Property Organization，WIPO

【组织类型】联合国组织（UN）

【成立时间】1967 年

【总部（或秘书处）所在地】瑞士日内瓦

【宗旨】作为知识产权服务、政策、信息与合作的全球论坛，承担建立平衡和有效的国际知识产权系统的领导职责。

【主要活动】推动各国间签署条约，建立知识产权保护体系，包括国际专利 PCT 体系、国际商标马德里体系、国际外观设计海牙体系、地理标志国际体系、可信数字证据等；建设和维护各类国际知识产权数据库，如全球品牌数据库、全球外观设计数据库等。

【组织架构】设总干事和副总干事，8 位副总干事分别领导 8 个专业部：版权与创意产业部（Copyright and Creative Industries Sector），专利与技术部（Patents and Technology Sector），区域与国家发展部（Regional and National Development Sector），品牌与设计部（Brands and Designs Sector），知识产权与创新生态系统部（IP and Innovation Ecosystems Sector），全球挑战与伙伴关系部（Global Challenges and Partnerships Sector），基础设施与平台部（Infrastructure and Platforms Sector），行政、财务与管理部（Administration，Finance and Management Sector）

【会员类型】国家

【会员国】*亚洲*：中、蒙、朝、韩、日、菲、越、老、柬、缅、泰、马、文、新、印尼、东、尼、不、孟、印、巴、斯里、马尔、哈、吉、塔、乌兹、土库、阿富、伊、伊朗、叙、约、黎、以、巴勒、沙特、巴林、卡、科、阿联酋、阿曼、也、格、亚、阿塞、土；*欧洲*：瑞典、挪、冰、丹、爱沙、拉、立、白、俄、乌克兰、摩尔、波、捷、斯、匈、德、奥、瑞士、列、英、爱、荷、比、卢、法、摩纳哥、罗、保、塞尔、北、阿、希、斯洛、克、波黑、意、梵、圣、马耳他、西、葡；*非洲*：利、苏、突、阿尔、摩、埃塞、厄立、索、吉布提、肯、坦桑、乌干、卢旺、布、塞舌、乍、中非、喀、赤几、加蓬、刚果(布)、刚果(金)、圣普、毛里塔、塞内、冈、马里、布基、几、几比、佛、塞拉、利比、科特、加纳、多、贝、尼日尔、尼日、赞、安哥、津、马拉、莫、博、纳、南非、斯威、莱、马达、科摩罗；*大洋洲*：新西、巴新、所罗门、瓦、密、马绍尔、帕、瑙、基、图、萨摩亚、斐；*北美洲*：美、墨、危、伯、萨、洪、尼加、哥斯、巴拿、巴哈、古、牙、海、多米尼加、安提瓜、圣基茨、多米尼克、圣卢、圣格、格林、巴巴；*南美洲*：委、圭、苏里南、厄、秘、玻、巴西、智、阿根、乌、巴拉

【现任总干事】2020—2026 年：Daren Tang(新)

【现任副总干事】2020—2026 年：王彬颖(中)；Sylvie Forbin(法)；Hasan Kleib(印尼)；Lisa Jorgenson(美)；Andrew Staines(英)；Edward Kwakwa(加纳)；Marco Aleman(哥伦)；Kenichiro Natsume(日)

【近十年总干事】2008—2020 年：Francis Gurry(澳)

【例会周期】每年在日内瓦召开一次 WIPO 全体大会(WIPO General Assembly)

【授予奖项】WIPO 发明家奖章(WIPO Medal for Inventors)：激励世界各地的创造和创新活动，表彰发明家对国家经济和发展的贡献，主要面向发展中国家；WIPO 创意奖章(WIPO Medal for Creativity)：表彰为文化、社会或经济发展做出杰出贡献的个人；WIPO 用户奖章(WIPO Users' Medal)：授予 WIPO 知识产权服务的用户，以表彰对其服务的早期采用或创新用途；WIPO 知识产权企业奖(WIPO IP Enterprise Medal)：鼓励企业创造性地利用知识产权制度；WIPO 学生奖章(WIPO Schoolchildren's Medal)：奖励学生在知识产权相关领域取得的成就。

【经费来源】会费、会员国捐赠、自有基金收益

【与中国的关系】时任中国商标事务所副所长王彬颖从 1992 年起在 WIPO 供职，2009 年被任命为 WIPO 副总干事，2014 年、2020 年两次成功连任 WIPO 副总干事，主管 WIPO 品牌与设计部。WIPO 驻华办事处于 2014 年 7 月在北京设立，负责在中国推广 WIPO 的国际知识产权服务和产品。

【官方网站】https://www.wipo.int/portal/en/index.html

二、政府间国际科技组织

1. 地球观测组织

【英文全称和缩写】Group on Earth Observations，GEO

【组织类型】国际政府间组织（IGO）

【成立时间】2005 年

【总部（或秘书处）所在地】瑞士日内瓦

【宗旨】开展协同、全面、持续的地球观测，为提升人类福祉的决策和行动提供信息支撑。

【主要活动】GEO 作为地球观测领域最大的政府间多边合作组织，将落实联合国 2030 年可持续发展议程、气候变化《巴黎协定》和仙台减灾框架作为合作优先事项，并将"韧性城市与人居环境"列为 GEO 第四大优先事项，通过协调、全面、持续的地球观测支持在生物多样性和生态系统管理、防灾减灾、能源和矿产资源管理、粮食安全与可持续农业、基础设施和交通系统管理、公共卫生监测、城镇可持续发展、水资源管理等八个领域开展工作。

【组织架构】设全体会议（Plenary）、执行委员会（Executive Committee）、计划委员会（Programme Board）、工作组（Working Groups）。全体会议是 GEO 的最高决策机构，执行委员会在全体会议闭会期间行使全体会议的权力。

【会员类型】国家

【会员国】_亚洲_：巴林、孟、柬、中、印、印尼、伊朗、以、日、韩、马、蒙、尼、阿曼、巴、菲、泰、阿联酋、越、格、土、亚、哈、塔、乌兹；_欧洲_：奥、比、保、克、塞、捷、丹、爱沙、芬、法、德、希、匈、冰、爱、意、拉、卢、马耳他、荷、挪、波、葡、罗、塞尔、斯、斯洛、西、瑞典、瑞士、乌克兰、英、摩尔、俄；_非洲_：阿尔、布基、喀、中非、刚果（金）、科特、埃、埃塞、加蓬、加纳、几、几比、肯、马达、马里、毛求、摩、纳、尼日尔、尼日、卢旺、塞内、塞舌、塞拉、索、南非、苏、突、乌干、津；_大洋洲_：澳、新西、汤；_北美洲_：巴哈、伯、加、哥斯、多米尼加、萨、危、洪、墨、尼加、巴拿、美；_南美洲_：阿根、巴西、智、哥伦、厄、巴拉、秘、乌

【现任主席】2021－2024 年：张广军（中）；Mmboneni Muofhe（南非）；Richard Spinrad（美）；Joanna Drake（马耳他）

【出版物】发布《全球综合地球观测系统 2016－2025 年战略实施计划》(GEO Strategic Plan 2016－2025 Implementing GEOSS)、《全球综合地球观测系统 10 年实施计划》(GEOSS 10-Year Implementation Plan)、《GEO 年度亮点工作报告》(GEO Highlights)、《开放数据共享之价值》(The Value of Open Data Sharing) 等报告。

【例会周期】每年至少召开一次全体会议(GEO Plenary)，原则上 4 年召开一次部长级会议(GEO Ministerial Meeting)。

【经费来源】会员国的自愿捐款

【与中国的关系】中国是 GEO 创始国、执委会成员国之一，与欧盟、美国和南非共同担任联合主席国。科学技术部副部长张广军于 2021－2024 年担任 GEO 联合主席。GEO 第一次部长级峰会暨地球观测组织第四届全体会议于 2007 年 11 月在南非开普敦召开，时任科学技术部部长万钢率中国代表团参加了会议，并首次向非洲共享了相关卫星数据。2010 年 11 月，GEO 第二次部长级峰会及第七届全体会议在北京召开，时任国务委员刘延东发来贺信，会议发布了《北京宣言》，成为全球综合地球观测系统未来发展的重要指导性文件。2011 年 10 月，国务院批准由科技部会同相关部门，成立中国参加 GEO 工作部际协调小组，制定中国参与 GEO 的战略规划。2019 年 4 月，科学技术部与 GEO 秘书处签订了合作谅解备忘录，进一步拓展双方合作空间。2020 年，中国担任 GEO 轮值主席国，为推动当年各项工作发挥了重要作用。中国科学院空天信息创新研究院承办了"2020 年 GEO 数据和知识周"活动。GEO 中国秘书处位于科学技术部国家遥感中心。

【官方网站】https://earthobservations.org/index.php

2. 国际山地综合发展中心

【英文全称和缩写】International Centre for Integrated Mountain Development，ICIMOD

【组织类型】国际政府间组织(IGO)

【成立时间】1983 年

【总部(或秘书处)所在地】尼泊尔加德满都

【宗旨】利用知识和通过区域合作，促进山区环境保护和生态系统的发展，改善山区人民的生活水平。

【组织架构】设理事会、总干事、副总干事、战略与合作总监、管理与财务总监，内部成员按四个主题采取矩阵分工：生态系统服务、地理空间解决方案、民生、水与空气。

【会员类型】国家

【会员国】*亚洲*：阿富、孟、不、中、印、缅、尼、巴

【现任总干事】2020 年至今：Pema Gyamtsho（不）

【近十年总干事】2012—2020 年：David Molden（尼）

【例会周期】每年召开一次理事会会议

【授予奖项】山地奖（Mountain Prize）：奖励对兴都库什喜马拉雅地区可持续发展做出卓越贡献的个人、组织或私营实体，每年颁发一次。

【经费来源】会员国的捐助，德国、瑞士、奥地利、丹麦、荷兰等国的捐助，以及多家国际组织的项目资助。

【对外资助计划】设立了喜马拉雅地区气候变化适应计划（Himalayan Climate Change Adaptation Programme）等计划。

【与中国的关系】中国从 1983 年起参加 ICIMOD 的活动。ICIMOD 在华归口单位为中国科学院，在华主要工作地区为四川、西藏、云南、新疆、青海和甘肃部分地区。中国科学院孙鸿烈院士曾任 ICIMOD 理事，中国科学院副院长张亚平院士现任 ICIMOD 中国委员会主席，中国科学院大学副校长王艳芬现任 ICIMOD 独立董事会成员。ICIMOD 于 1985 年在成都举办了小流域治理国际研讨会，于 1990 年在昆明举办了第 15 届理事会，于 1999 年在成都举办了第 28 届理事会。国家自然科学基金委员会与 ICIMOD 于 2015 年签署了谅解备忘录，共同资助中国科学家与 ICIMOD 会员国的科学家开展合作，推动中国及周边国家在兴都库什喜马拉雅地区的科学研究。

【官方网站】http://www.icimod.org

3. 国际水道测量组织

【英文全称和缩写】International Hydrographic Organization，IHO

【组织类型】国际政府间组织（IGO）

【成立时间】1921 年

【总部（或秘书处）所在地】摩纳哥蒙特卡罗

【宗旨】致力于对世界海洋、可航行水域的测量和制图，负责协调各国水文部门的活动，制定准则以期能够最大限度地利用水道测量数据，促进会员国水道测量能力的提升，为全球海上航行安全提供服务。

【主要活动】推动航海图书标准化，制定国际海图规则、海道测量标准、专业人员职务培训标准，出版相关刊物和建立世界性潮汐资料库。

【组织架构】设大会、理事会、秘书处、十余个委员会和工作组，分别为：区域协调委员会（Inter-Regional Coordination Committee）、区域水文委员会（Regional Hydrographic Commissions）、南极水文委员会（Hydrographic Commission on Antarctica）、全球航行警告服务分委员会（Sub-Committee on World-Wide Navigational Warning Service）、能力建设分委员会（Capacity Building Sub-Committee）、国际能力标准委员会（INT Board on Standards of Competence）、全球电子海图数据库工作组（Worldwide ENC Database WG）、海洋空间数据基础设施工作组（Marine Spatial Data Infrastructures WG）、IHO-EU 网络工作组（IHO-EU Network WG）、众包测深工作组（Crowdsourced Bathymetry WG）、海洋水深图工作组（General Bathymetric Chart of the Oceans WG）、IHO 数字测深数据中心（IHO Data Centre for Digital Bathymetry）。

【会员类型】国家

【会员国】*亚洲*：巴林、孟、文、中、朝、格、印、印尼、伊朗、日、科、黎、马、缅、阿曼、巴、菲、卡、韩、沙特、新、斯里、叙、泰、土、阿联酋、越；*欧洲*：比、保、克、塞、丹、爱沙、芬、法、德、希、冰、爱、意、拉、马耳他、摩纳哥、黑、荷、挪、波、葡、罗、俄、塞尔、斯洛、西、瑞典、乌克兰、英；*非洲*：阿尔、喀、刚果（金）、埃、加纳、毛求、摩、莫、尼日、塞舌、南非、突；*大洋洲*：澳、斐、新西、巴新、萨摩亚、所罗门、汤、瓦；*北美洲*：加、古、多米尼加、危、牙、墨、特立、美；*南美洲*：阿根、巴西、智、哥伦、厄、圭、秘、苏里南、乌、委

【现任主席】2020－2023 年：Geneviève Béchard（加）

【现任副主席】2020－2023 年：Thai Low Ying-Huang（新）

【出版物】主办期刊《国际水文评论》（The International Hydrographic Review），出版《海道测量手册》（Manual on Hydrography）等图书。

【例会周期】在每年的 6 月 21 日设立了"世界水道测量日"（World Hydrography Day）。2017 年，在摩纳哥召开了 IHO 公约修正案议定书生效后的第一届 IHO 大会，中国在会上成功当选为理事国。每年召开一次理事会会议。

【经费来源】会员国缴纳的会费、其他捐款、馈赠、资助。

【与中国的关系】中国是 IHO 的创建国和成员国之一，于 1977 年恢复在 IHO 的合法席位。2001 年，中国海事局成功举办了 IHO 国际海图展，并被评为最佳参展国。2002 年，在上海召开了 IHO 第十四次海道测量需求信息系统委员会会议。

【官方网站】https://iho.int/

4．国际自然保护联盟

【英文全称和缩写】International Union for Conservation of Nature，IUCN

【组织类型】国际政府间组织(IGO)

【成立时间】1948 年

【总部(或秘书处)所在地】瑞士格兰德

【宗旨】致力于集结全球最有影响力的机构和顶尖专家，共同努力保护自然并加速推动向可持续发展过渡。

【组织架构】设大会、理事会、秘书处及 6 个专业委员会，分别为：教育与传播委员会(Commission on Education and Communication)、生态系统管理委员会(Commission on Ecosystem Management)、环境经济与社会政策委员会(Commission on Environmental，Economic and Social Policy)、物种存续委员会(Species Survival Commission)、世界环境法律委员会(World Commission on Environmental Law)、世界保护地委员会(World Commission on Protected Areas)。

【会员类型】国家、机构(约 1400 个)

【会员国】*亚洲*：阿富、孟、不、文、柬、中、朝、印、印尼、日、老、马、马尔、蒙、缅、尼、巴、菲、韩、新、斯里、泰、东、越、巴林、伊朗、伊、约、科、黎、阿曼、巴勒、卡、沙特、叙、阿联酋、也、亚、阿塞、哈、吉、塔、土库、乌兹、以、土；*欧洲*：安、奥、比、保、克、塞、捷、丹、爱沙、芬、法、德、希、匈、冰、爱、意、拉、列、立、卢、马耳他、摩纳哥、挪、波、葡、罗、圣、斯、斯洛、西、瑞典、瑞士、荷、英、阿、克、塞、法、希、梵、意、摩纳哥、黑、葡、塞尔、斯洛、西、阿、黑、摩尔、北、俄、塞尔、乌克兰；*非洲*：阿尔、埃、摩、利、斯威、突、贝、布基、布、喀、佛、中非、乍、刚果(金)、刚果(布)、科特、赤几、加蓬、冈、加纳、几、几比、利比、马里、毛里塔、尼日尔、尼日、圣普、塞内、塞拉、多、安哥、博、科摩罗、吉布提、厄立、埃塞、肯、莱、马达、马拉、毛求、莫、纳、卢旺、塞舌、索、南非、南苏丹、苏、乌干、坦桑、赞；*大洋洲*：澳、库、密、斐、基、马绍尔、瑙、新西、纽、帕、巴新、萨摩亚、所罗门、汤、图、瓦；*北美洲*：加、美、安提瓜、巴哈、巴巴、伯、哥斯、古、多米尼加、萨、格林、危、海、洪、牙、墨、尼加、巴拿、圣基茨、圣卢、圣格、特立；*南美洲*：阿根、玻、巴西、智、哥伦、厄、圭、巴拉、秘、苏里南、乌、委

【现任主席】2021－2025 年：Razan Al Mubarak（阿联酋）

【近十年主席】2004－2008 年：Valli Moosa（南非）；2008－2012 年：Ashok Khosla（印）；2012－2020 年：章新胜（中）

【出版物】《世界自然资源保护大纲》（World Conservation Strategy）、《生物多样性规划与监测指南》（Guidelines for Planning and Monitoring Corporate Biodiversity Performance）等。

【系列学术会议】4 年举办一次世界自然保护大会（IUCN World Conservation Congress），是全球规模最大的自然环境保护会议，2008 年在西班牙巴塞罗那举行，2012 年在韩国济州岛举行，2016 年在美国夏威夷举行，2020 年在法国马赛举行。

【经费来源】由各国政府、多边组织、政府间和非政府组织、基金会、企业等合作伙伴提供资助。

【与中国的关系】IUCN 从 20 世纪 80 年代起就在中国开展工作，1996 年，中国外交部代表中国政府加入 IUCN，中国成为 IUCN 会员国。2003 年，IUCN 成立中国联络处。2012 年，IUCN 正式设立 IUCN 中国代表处，位于北京市朝阳区新东路 1 号塔园外交公寓。时任中国教育部副部长章新胜曾于 2012－2020 年担任 IUCN 主席。

【官方网站】https://www.iucn.org/

5. 南方科技促进可持续发展委员会

【英文全称和缩写】Commission on Science and Technology for Sustainable Development in the South，COMSATS

【组织类型】国际政府间组织（IGO）

【成立时间】1994 年

【总部（或秘书处）所在地】巴基斯坦伊斯兰堡

【宗旨】致力于推动南南科技合作，促进发展中国家的社会、经济可持续发展。

【组织架构】设大会（General Meeting）、顾问委员会（Consultative Committee）

【会员类型】国家

【会员国】*亚洲*：孟、中、伊朗、约、哈、朝、巴、巴勒、菲、斯里、叙、土、也；*非洲*：埃、冈、加纳、摩、尼日、塞内、索、苏、坦桑、突、乌干、津；*北美洲*：牙；*南美洲*：哥伦

【现任主席】2017 年至今：Hon. Nana Addo Dankwa Akufo-Addo（加纳）

【例会周期】3 年召开一次大会

【对外资助计划】为组织国际和区域联合讲习班、研讨会、会议等促进技术合作的活动提供经费和技术支持；为会员国的科研人员参加国际讲习班、会议、研讨会等提供差旅补助；为会员国的硕士和博士提供在隶属于 COMSATS 的国际科学与技术卓越中心的短期培训和学习机会。

【经费来源】巴基斯坦政府年度拨款、会员国会费、基金运营收入、捐款

【与中国的关系】中国是 COMSATS 的会员国，并为 COMSATS 气候与可持续性中心(CCCS)提供资助。中国科学技术部部长王志刚、国际合作司国际组织与多边合作处处长杨雪梅现任 COMSATS 技术咨询委员会成员。第 4 次 COMSATS 协调委员会会议于 1999 年 12 月在中国北京举办，第 11 次 COMSATS 协调委员会会议于 2008 年 6 月在中国北京举办，第 22 次 COMSATS 协调委员会会议于 2019 年 4 月在中国天津举办。

【官方网站】http://comsats.org/

6. 欧洲核子研究组织

【英文全称和缩写】European Organization for Nuclear Research，CERN

【组织类型】国际政府间组织(IGO)

【成立时间】1954 年

【总部(或秘书处)所在地】瑞士日内瓦

【宗旨】致力于为发现宇宙的本质提供支持，为科研人员提供粒子加速器等研究设施。

【组织架构】设理事会、秘书处、财务委员会、科学政策委员会、养老基金管理委员会

【会员类型】国家

【会员国】*亚洲*：以；*欧洲*：奥、比、保、捷、丹、芬、法、德、希、匈、意、荷、挪、波、葡、罗、塞尔、斯、西、瑞典、瑞士、英；准会员国包括：克、拉、立、土、乌克兰、印、巴；美、日、俄三个国家，以及欧盟、联合核子研究所和联合国教育、科学及文化组织共 3 个国际组织拥有观察员身份

【现任主席】2022－2024 年：Eliezer Rabinovici（以）

【现任副主席】2022－2024 年：Jochen Schieck(奥)；Peter Levai(匈)

【近十年主席】2010－2012 年：M. Spiro(法)；2013－2015 年：A. Zalewska(波)；2016－2018 年：S. de Jong(荷)；2019－2021 年：Ursula Bassler(法)

【出版物】《欧洲核子研究组织年报》(CERN Annual Reports)

【例会周期】每季度召开一次理事会会议

【系列学术会议】一年一次

【对外资助计划】共分三类项目：(1)教育与拓展类项目：包括 ATLAS 博士助学金计划(ATLAS PhD Grant Scheme)：为青年博士生提供在世界级的研究环境中、在顶尖专家指导下进行粒子物理学研究的机会；Beamline 学校竞赛项目(Beamline for Schools Competition)：面向全世界的高中学生，举行粒子物理学研究试验方案大赛，获胜团队将有机会亲赴 CERN 试验自己的构想；CERN 学生创业项目(CERN Entrepreneurship Student Programme)：面向硕士生，提供创业教育培训，帮助他们基于在 CERN 得到的科学知识实施技术转化，培养基于高技术成果创业的能力；CERN-UNESCO 数字图书馆学校项目(CERN-UNESCO Schools on Digital Libraries)：面向非洲国家，在指定的非洲科研机构内，提供为期一周的图书馆员和信息技术专业人员培训；欧洲轻离子强子治疗网络(European Network for Light Ion Hadron Therapy)：为全世界的本科生提供关于粒子疗法的培训课程；高中生实习项目(High-School Students Internship Programme)：面向 16～19 岁的高中生，邀请他们赴 CERN 参与两周的科学实验，积累实践经验；国家教师项目(National Teacher Programmes)：面向高中教师，邀请他们参加为期 1 周的培训项目，了解如何将物理学和 CERN 的专业知识带入高中教室；非会员国暑期学生项目(Non-member State Summer Student Programme)：为非会员国(特别是发展中国家)的物理、计算科学、工程领域的研究生提供赴 CERN 的交流机会；科学门户项目(CERN Science Gateway)：建立了专门用于拓展活动的教育基地，吸引参观者近距离观察 CERN 的科学和创新活动，激发公众对科学的好奇心、吸引青年学生投身科学研究活动；火花项目(Sparks)：每年举办为期 2 天的跨学科创新论坛，汇聚世界范围内各学科领域的科学家和科学决策者参与，共同讨论当前面临的大问题。(2)创新与知识交流类项目包括：技术影响力基金(CERN Technology Impact Fund)：面向当前的重要国际议题，特别是围绕联合国提出的可持续发展目标，推动 CERN 技术成果的转移和应用；医学同位素收集计划(CERN Medical Isotopes Collected from ISOLDE, CERN-MEDICIS)：支持通过专门的研究设施产生放射性同位素，促进对患者病灶的精准成像与治疗，扩展放射性同位素的医疗研究用途。(3)文化与创意类项目包括：CERN 艺术项目(Arts at CERN)：支持艺术家与物理学家间的对话，为艺术家提供接触科学的机会。

【经费来源】会员国会费，另通过"CERN 与社会基金会"(CERN & Society Foundation)筹集社会捐款。

【与中国的关系】中国科学家与 CERN 的交流开始于 20 世纪 50 年代后期。中国科学院于 1981 年与 CERN 签订了合作协议。1991 年，国家科委与 CERN 签订了合作框架协议。1998 年，国家自然科学基金委员会代表中国与 CERN 签订了大型强子对撞机(LHC)实验合作协议。中国科学院高能物理研究所和国内多所大学参加了 LHC 的多个实验。CERN 对中国高能物理加速器的建设、互联网等高技术的发展提供了宝贵的支持，并培养了数量众多的科技人才。

【官方网站】https://home.cern/

7. 全球水伙伴组织

【英文全称和缩写】Global Water Partnership，GWP

【组织类型】国际政府间组织(IGO)

【成立时间】1996 年

【总部(或秘书处)所在地】瑞典斯德哥尔摩

【宗旨】致力于促进水、土地和相关资源的协调发展和管理，推动在不损害重要生态系统可持续性的情况下，以公平的方式实现经济和社会福利的最大化。

【组织架构】设执行委员会

【会员类型】国家、机构

【会员国】*亚洲*：亚、孟、不、柬、中、格、印、印尼、哈、吉、马、蒙、缅、尼、巴、菲、斯里、塔、泰、乌兹、越；*欧洲*：保、爱沙、匈、拉、立、摩尔、波、罗、斯、斯洛、乌克兰；*非洲*：贝、博、布基、布、喀、中非、刚果(布)、科特、埃、埃塞、冈、加纳、几、肯、马里、尼日尔、尼日、卢旺、圣普、塞内、索、苏、坦桑、乌干；*北美洲*：哥斯、萨、危、洪、尼加、巴拿；*南美洲*：阿根、巴西、智、哥伦、秘、乌、委

【会员机构】179 个国家的 3000 多家企业、国际组织、政府机构、科研机构等

【现任主席】2019－2022 年：Howard Bamsey(澳)

【系列学术会议】每年举行一次网络大会(GWP Network Meeting)，2018－2020 年都在线上召开。

【经费来源】来源于阿根廷、智利、丹麦、匈牙利、约旦、荷兰、巴基斯坦、瑞典等国，以及世界银行、世界气象组织等战略伙伴。

【与中国的关系】设有 GWP 中国地区技术顾问委员会和区域办事处，挂靠在中国水利水电科学研究院，位于北京市海淀区玉渊潭南路甲 1 号 A 座。2000 年 11 月，GWP 在北京召开中国水问题研讨会，并宣布正式成立中国地区技术

顾问委员会；2014 年 11 月，GWP 中国地区技术顾问委员会、国际水协会和国际自然与自然资源保护联盟在北京共同举办"统筹水、能源和粮食的基础设施解决方案研讨会"。

【官方网站】https://www.gwp.org/en/

8．上海合作组织

【英文全称和缩写】Shanghai Cooperation Organization，SCO

【组织类型】国际政府间组织(IGO)

【成立时间】2001 年

【总部(或秘书处)所在地】中国北京

【宗旨】旨在加强各会员国之间的相互信任与睦邻友好，鼓励会员国在政治、经贸、科技、文化、教育、能源、交通、旅游、环保等领域的有效合作，共同致力于维护和保障地区的和平、安全与稳定，推动建立民主、公正、合理的国际政治经济新秩序。

【组织架构】设元首理事会、政府首脑(总理)理事会、外交部长理事会、各部部长会议、国家协调员理事会、地区反恐机构、秘书处。

【会员类型】国家

【会员国】亚洲：印、哈、中、吉、巴、塔、乌兹；欧洲：俄

【现任秘书长】2022－2024 年：张明(中)

【现任副秘书长】2022－2024 年：Yerik Sarsebek Ashimov(哈)；Azymbakiev Muratbek Abakirovich(吉)；Grigory Semyonovich Logvinov(俄)；Sherali Saidamir Jonon(塔)

【近十年秘书长】2004－2006 年：张德广(中)；2007－2009 年：Bolat Kabdylkhamituly Nurgaliyev(哈)；2010－2012 年：Muratbek Sansyzbayevich Imanaliyev(吉)；2013－2015 年：Dmitry Fyodorovich Mezentsev(俄)；2016－2018 年：Alimov Rashid Qutbiddin-ovich(塔)；2019－2021 年：Norov Vladimir Imamovich(乌兹)

【例会周期】每年召开一次成员国元首会议

【经费来源】各会员国分摊

【与中国的关系】SCO 是第一个由中国参与创建、在中国境内宣布成立、以中国城市命名、总部设在中国的多边国际组织。时任中国驻俄罗斯大使张德广曾于 2004－2006 年担任 SCO 首任秘书长，时任中国驻欧盟使团团长张明从 2022 年起担任 SCO 秘书长。2001 年 6 月，SCO 成员国元首理事会首次会议在

中国上海举办；2005 年 3 月，SCO 例行国家协调员会议在中国北京举办；2006
年 6 月，SCO 成员国元首理事会第六次会议在中国上海举办；2008 年 6 月，首
届 SCO 国立科研机构合作研讨会在中国乌鲁木齐召开；2012 年 4 月，SCO 成
员国安全会议秘书第七次会议在中国北京举办；2012 年 6 月，SCO 成员国元首
理事会第十二次会议在中国北京举办；2016 年 11 月，第十四次 SCO 成员国总
检察长会议在中国海南三亚举办；2018 年 6 月，SCO 成员国元首理事会第十八
次会议在中国山东青岛举办；为加强青年交往，自 2016 年起连续 5 年在华举办
"上海合作组织青年交流营"。

【官方网站】http://chn.sectsco.org/about_sco/

三、非政府间国际科技组织

(一)数学

1. 国际贝叶斯分析学会

【英文全称和缩写】The International Society for Bayesian Analysis，ISBA

【组织类型】国际非政府组织(INGO)

【成立时间】1992 年

【总部(或秘书处)所在地】在美国爱荷华州注册

【宗旨】通过赞助和组织会议、期刊出版等活动，为对贝叶斯分析及其应用感兴趣的人提供国际交流平台，促进贝叶斯分析的发展与应用。

【组织架构】设执行委员会，在 6 个国家和地区各设立一个分会：澳大利亚分会、东亚分会、印度分会、南非分会、巴西分会、智利分会。

【会员类型】机构、个人

【现任主席】2023 年：Amy Herring(美)

【近十年主席】2009 年：Mike West(美)；2010 年：Peter Müller(美)；2011 年：Michael I. Jordan(美)；2012 年：Fabrizio Ruggeri(意)；2013 年：Merlise Clyde(美)；2014 年：Sonia Petrone(意)；2015 年：Alexandra Schmidt(巴西)；2016 年：Steven MacEachern(美)；2017 年：Kerrie Mengersen(澳)；2018 年：Marina Vannucci(美)；2019 年：Raquel Prado(美)；2020 年：Sylvia Fruehwirth-Schnatter(奥)；2021 年：Igor Pruenster(意)；2022 年：Sudipto Banerjee(美)

【出版物】《贝叶斯分析》(Bayesian Analysis)

【系列学术会议】两年举办一次世界大会(World Meeting)

【授予奖项】泽尔纳奖章(Zellner Medal)：表彰长期以来为 ISBA 提供卓越服务的会员，两年颁发一次；赛维基奖(Savage Award)：奖励贝叶斯计量经济学和统计学领域的杰出博士论文，每年颁发一次，每次颁发两项，分别针对理论方法和应用方法的论文；米切尔奖(Mitchell Prize)：奖励将贝叶斯分析方法用于解决重要应用问题的杰出论文，每年颁发一次；林德利奖(Lindley Prize)：

表彰针对贝叶斯统计的创新型研究，两年颁发一次；德格鲁特奖（DeGroot Prize）：表彰优秀的统计学专著的作者，两年颁发一次；新研究者差旅奖（New Researchers Travel Award）：支持处于职业生涯早期的科研人员参加 ISBA 的会议；皮拉尔·伊格莱西亚斯差旅奖（Pilar Iglesias Travel Award）：资助发展中国家的研究生或青年科研人员参加 ISBA 会议，两年颁发一次；初级研究者终身会员奖（ISBA Lifetime Members Junior Researchers Award）：资助作为 ISBA 会员的青年科研人员参加 ISBA 会议，两年颁发一次。

【经费来源】会费、捐款、赞助

【与中国的关系】2017 年 7 月，"第二届 ISBA 东亚分会会议"在中国吉林长春举行；2020 年 6 月，"2020 ISBA 世界会议"在中国云南昆明举行。华东师范大学孙东初教授于 2010 年担任 ISBA 副主席。

【官方网站】https://bayesian.org/

2．国际粗糙集学会

【英文全称和缩写】International Rough Set Society，IRSS

【组织类型】国际非政府组织（INGO）

【成立时间】2002 年

【总部（或秘书处）所在地】秘书处现位于中国重庆邮电大学

【宗旨】作为推动粗糙集理论领域的科学家之间联系和交流的论坛。

【组织架构】设执行委员会、指导委员会、顾问委员会

【会员类型】个人

【现任主席】2022－2024 年：Jingtao Yao（加）

【现任副主席】2022－2024 年：Chris Cornelis（比）

【近十年主席】2008－2010 年：Wojciech Ziarko（加）、2010－2012 年：Roman Słowiński（波）、2012－2014 年：Dominik Ślęzak（波）、2014－2016 年：王国胤（中）、2016－2018 年：Yiyu Yao（加）、2018－2020 年：Davide Ciucci（意）、2020－2022 年：苗夺谦（中）

【系列学术会议】每年举办一次国际粗糙集联合会议（International Joint Conference on Rough Sets），2019 年 6 月在匈牙利德布勒森召开，2020 年 6 月在古巴哈瓦那召开，2021 年 9 月在斯洛伐克布拉迪斯拉发召开。

【经费来源】由波兰 Dituel 公司赞助

【与中国的关系】同济大学苗夺谦教授现担任 IRSS 执行委员会主席、会士。西南交通大学李天瑞教授现担任 IRSS 顾问委员会主席、会士。中国科学院重

庆绿色智能技术研究院王国胤研究员曾任 IRSS 指导委员会主席，现担任 IRSS 指导委员会、会士。2015 年 11 月和 2022 年 11 月，国际粗糙集联合会议曾分别在中国天津和苏州召开。

【官方网站】https://www.roughsets.org/

3. 国际工业与应用数学联合会

【英文全称和缩写】The International Council for Industrial and Applied Mathematics，ICIAM

【组织类型】国际非政府组织（INGO）

【成立时间】1987 年

【总部（或秘书处）所在地】秘书处不固定，2021 年位于美国伊利诺伊州阿贡市

【宗旨】致力于通过促进工业和数学相关领域的学会之间的交流合作，推动世界范围内数学的应用。

【组织架构】设立执行委员会

【会员类型】机构

【会员机构】53 个机构，来自以下国家：*亚洲*：中、印、日、韩、越、以、新；*欧洲*：德、英、罗、西、意、法、捷、丹、芬、挪、奥、波、荷、瑞士、瑞典、葡；*非洲*：南非；*大洋洲*：澳；*北美洲*：加、美、墨；*南美洲*：阿根、巴西、秘、智、哥伦

【现任主席】2019－2023 年：袁亚湘（中）

【近十年主席】2011－2015 年：Barbara L. Keyfitz（美）；2015－2019 年：Maria J. Esteban（法）

【系列学术会议】每 4 年举办一次国际工业与应用数学大会（International Congress on Industrial and Applied Mathematics），2011 年在加拿大温哥华举行，2015 年在北京举行，2019 年在西班牙瓦伦西亚举行。

【授予奖项】科拉兹奖（Collatz Prize）：表彰在工业和应用数学领域取得杰出成果的 42 岁以下的个人；拉格朗日奖（Lagrange Prize）：表彰在应用数学领域取得终身成就的个人；麦克斯韦奖（Maxwell Prize）：表彰在应用数学领域取得原创性成果的个人；先驱奖（Pioneer Prize）：表彰将应用数学方法和科学计算技术用于解决工业问题的先驱性成果或开创了新的科学应用领域的研究成果；苏步青奖（Su Buchin Prize）：表彰在将数学用于人类发展方面做出杰出贡献的发展中国家的个人；工业奖（Industry Prize）：表彰使创新性数学方法对工业产生重要影响方面做出杰出贡献

的个人；奥尔加·陶斯基-托特演讲奖(Olga Taussky-Todd Lectures)：表彰对应用数学或科学计算方法做出杰出贡献的女性数学家。以上奖项均为 4 年颁发一次。

【经费来源】会费

【与中国的关系】中国科学院数学与系统科学研究院袁亚湘院士于 2019－2023 年担任 ICIAM 主席。2015 年，第八届国际工业与应用数学大会在北京举办。

【官方网站】https://iciam.org/

4. 国际数学地球科学协会

【英文全称和缩写】International Association for Mathematical Geosciences，IAMG

【组织类型】国际非政府组织(INGO)

【成立时间】1968 年

【总部(或秘书处)所在地】美国休斯敦

【宗旨】致力于在全球范围内促进数学、统计和信息学在地球科学中的发展。

【组织架构】设立执行委员会

【会员类型】机构、个人

【现任主席】2020－2024 年：Peter Dowd(澳)

【现任副主席】2020－2024 年：Christien Thiart(南非)

【近十年主席】2008－2012 年：Vera Pawlowsky-Glahn(西)；2012－2016 年，成秋明(中)；2016－2020 年：Jennifer McKinley(英)

【出版物】《数学地球科学》(Mathematical Geosciences)、《计算机与地球科学》(Computers and Geosciences)、《自然资源研究》(Natural Resources Research)、《应用计算与地球科学》(Applied Computing and Geosciences)

【系列学术会议】每年举行一次国际数学地球科学大会(IAMG Conference)，4 年参与协办一次国际地质大会(International Geological Congress)。

【授予奖项】克伦宾奖章(William Christian Krumbein Medal)：奖励推动数学和信息科学在地球科学中得到应用的资深科研人员，两年颁发一次；费利克斯·查耶斯数学岩石学卓越研究奖(Felix Chayes Prize for Excellence in Research in Mathematical Petrology)：奖励对统计岩石学、数学与信息学相关应用做出杰出贡献的个人，两年颁发一次；约翰·塞德里克·格里菲思教学奖(John Cedric Griffiths Teaching Award)：奖励推动数学与信息科学在地学领域得到应用的杰出教学活动，两年颁发一次；安德烈·鲍里索维奇·维斯特利乌斯研究奖(Andrei Borisovich Vistelius Research Award)：奖励在数理地球科学或地理信息学领域做出杰出贡献的 35 岁以下或取得博士学位不满 7 年的青年科学家,两年颁发一次;创始人奖学金(Founders Scholarship):奖励优秀的学生或博士后,每年颁发一次;数学地质科学最佳论文奖(Mathematical Geosciences Best Paper Award):奖励该领域的优秀论文,每年颁发一次;计算机与地球科学最佳论文奖(Computers & Geosciences Best Paper Award):奖励该领域的优秀论文,每年颁发一次。

【经费来源】会费、捐赠

【与中国的关系】中国科学院院士成秋明于 2012 年当选 IAMG 主席,成为首位非欧美学者担任该职位。中国科学院院士赵鹏大、中国科学院院士成秋明分别于 1992 年、2008 年获 IAMG 克伦宾奖章。中山大学周永章教授于 2015 年获 IAMG 费利克斯·查耶斯数学岩石学卓越研究奖。2007 年 8 月,国际数学地球科学大会在中国北京举办。

【官方网站】https://www.iamg.org/

5. 国际数学联盟

【英文全称和缩写】International Mathematical Union,IMU

【组织类型】国际非政府组织(INGO)

【成立时间】1950 年

【总部(或秘书处)所在地】秘书处位于德国柏林

【宗旨】旨在促进数学领域的国际交流与合作。

【组织架构】设执行委员会

【会员类型】机构

【会员机构】184 个会员机构,来自以下国家:*亚洲*:格、中、伊朗、以、日、哈、韩、沙特、新、马、印、亚、孟、柬、印尼、尼、吉、阿曼、巴、菲、泰、乌兹、越;*欧洲*:奥、比、克、捷、丹、爱沙、芬、法、德、希、冰、意、卢、荷、挪、波、葡、俄、斯、西、瑞典、瑞士、英、波黑、保、匈、爱、拉、立、黑、罗、塞尔、斯洛、乌克兰、塞;*非洲*:阿尔、突、喀、埃、加蓬、肯、科特、马达、摩、尼日、塞内、南非;*大洋洲*:新西、澳、巴新;*北美洲*:加、美、古、墨;*南美洲*:巴西、阿根、智、厄、哥伦、巴拉、秘、乌、委。另有 5 个国际组织会员:欧洲数学会(European Mathematical Society)、东南亚数学会(Southeast Asian Mathematical Society)、非洲数学联盟(African Mathematical Union)、美洲数学理事会(Mathematical Council of the Americas)、拉丁美洲和加勒比数学联盟(Unión Matemática de América Latina y el Caribe)

【现任主席】2023－2026 年:Hiraku Nakajima(日)

【现任副主席】2023－2026 年：Ulrike Tillmann（英）；Tatiana Toro（美）

【近十年主席】2007－2010 年：László Lovász（匈）；2011－2014 年：Ingrid Daubechies（美）；2015－2018 年：Shigefumi Mori（日）；2019－2022 年：Carlos E. Kenig（美）

【出版物】不定期发布各类报告，如《非洲的数学：挑战与机遇》（Mathematics in Africa: Challenges and Opportunities）、《对联合国教育、科学及文化组织跨政府国际数学联合项目的建议》（Proposal for a joint UNESCO Intergovernmental International Mathematical Program）。

【系列学术会议】4 年召开一次国际数学家大会（International Congress of Mathematicians），2010 年在印度海得拉巴举办，2014 年在韩国首尔举办，2018 年在巴西里约热内卢举办，2022 年在线上举办。

【授予奖项】菲尔兹奖（Fields Medal）：表彰在数学领域取得杰出成就的 40 岁以下的个人；算盘奖（Abacus Medal）：表彰在信息科学的数学方面取得杰出成就的 40 岁以下的个人；高斯奖（Carl Friedrich Gauss Prize）：表彰对应用数学做出卓越贡献的个人；陈省身奖（Chern Medal Award）：表彰在数学领域获得最高认可的个人；里拉瓦蒂奖（Leelavati Prize）：奖励对数学推广工作做出杰出贡献的个人。以上奖项均 4 年颁发一次。

【与中国的关系】中国科学院数学与系统科学研究院马志明院士曾于 2007－2010 年担任 IMU 执行委员会副主席。北京大学田刚院士于 2018 年当选 IMU 执行委员会委员。北京大学数学科学学院史宇光教授、中国科学院数学与系统科学研究院田野研究员、北京大学北京国际数学研究中心许晨阳教授分别于 2010 年、2013 年、2016 年获得由 IMU、国际理论物理中心、印度科技部共同设立的拉马努金奖（Ramanujan Prize）。2002 年 8 月，国际数学家大会在中国北京举办。

【官方网站】https://www.mathunion.org/

6. 国际数学史委员会

【英文全称和缩写】International Commission on the History of Mathematics，ICHM

【组织类型】国际非政府组织（INGO）

【成立时间】1974 年

【总部（或秘书处）所在地】德国柏林

【宗旨】致力于促进和鼓励数学史方面的国际合作和高水平的数学史研究。

【组织架构】设执行委员会

【会员类型】机构

【会员机构】55 个会员机构，来自以下国家：*亚洲*：中、伊朗、以、日、哈、韩、沙特、新、叙、土；*欧洲*：奥、比、克、捷、丹、爱沙、芬、法、德、希、冰、意、卢、荷、挪、波、葡、俄、斯、西、瑞典、瑞士、英；*非洲*：阿尔、突；*大洋洲*：新西；*北美洲*：加、美、哥斯、危、墨；*南美洲*：巴西

【现任主席】2023－2026 年：Guillermo P. Curbera（西）

【现任副主席】2023－2026 年：Isobel Falconer（英）

【近十年主席】2010－2017 年：Craig Fraser（加）；2018－2020 年：June Barrow-Green（英）；2021－2022 年：June Barrow-Green（英）

【出版物】《数学史》（Historia Mathematica）

【系列学术会议】4 年举办一次国际数学史大会（International Congresses of the History of Mathematics）。

【授予奖项】凯尼斯・梅奖（Kenneth O. May Prize）：表彰对数学史研究做出重大贡献的个人，4 年颁发一次；蒙蒂克拉奖（Montucla Prize）：奖励在 ICHM 主办的期刊上发表优秀论文的青年学者，4 年颁发一次。

【经费来源】ICHM 同时隶属于国际数学联盟（International Mathematical Union）、国际科技史与科技哲学联盟（International Union of History and Philosophy of Science and Technology），由以上双方给予 ICHM 年度拨款。

【与中国的关系】内蒙古师范大学郭世荣教授现任 ICHM 执行委员。天津师范大学李兆华教授现任 ICHM 中国代表。2010 年 8 月，ICHM 在中国西安联合主办了"近现代数学史国际会议"。

【官方网站】https://www.mathunion.org/ichm

7. 国际数学物理协会

【英文全称和缩写】International Association of Mathematical Physics，IAMP

【组织类型】国际非政府组织（INGO）

【成立时间】1976 年

【总部（或秘书处）所在地】在瑞士日内瓦成立

【宗旨】旨在促进数学物理领域的国际合作与研究，加强数学家与理论物理学家的交流。

【组织架构】设执行委员会

【会员类型】个人，约 600 人

【现任主席】2021 年至今：Bruno Nachtergaele（美）

【现任副主席】2021 年至今：Sylvia Serfaty（美）

【近十年主席】2009－2011 年：Pavel Exner（捷）；2012－2014 年：Antti Kupiainen（芬）；2015－2020 年：Robert Seiringer（奥）

【出版物】《国际数学物理协会新闻通报》（IAMP News Bulletin）

【系列学术会议】3 年举办一次国际数学物理大会（International Congress in Mathematical Physics）

【授予奖项】亨利·庞加莱奖（Henri Poincaré Prize）：表彰在数学物理方面做出杰出贡献的个人，3 年颁发一次；早期职业奖（IAMP Early Career Award）：表彰在数学物理方面取得一定成就的 35 岁以下青年科学家，3 年颁发一次。

【经费来源】会费、捐赠

【官方网站】http://www.iamp.org/

8. 国际系统研究联合会

【英文全称和缩写】International Federation for Systems Research，IFSR

【组织类型】国际非政府组织（INGO）

【成立时间】1981 年

【总部（或秘书处）所在地】奥地利维也纳

【宗旨】促进和协调世界范围内关于系统科学的研究与活动。

【组织架构】设执行委员会

【会员类型】机构

【会员机构】30 余个机构，来自以下国家：*亚洲*：中、越；*欧洲*：爱、比、奥、俄、荷、挪、法、西、斯洛；*非洲*：南非；*大洋洲*：澳；*北美洲*：美、墨；*南美洲*：秘

【现任主席】2021 年至今：Ray Ison（澳）

【现任副主席】2021 年至今：Pamela Buckle（美）；Nam Nguyen（澳）；Rika Preiser（南非）

【近十年主席】2010－2016 年：Gary S.Metcalf（美）；2016－2020 年：Mary C.Edson（美）

【出版物】《系统研究与行为科学》（Systems Research and Behavioral Science）、《系统变化杂志》（Systemic Change Journal）、《国际系统研究联合会通讯》（IFSR Newsletter）

【与中国的关系】2002 年，中国科学院数学与系统科学研究院顾基发教授当选 IFSR 主席。

【官方网站】https://ifsr.org/

9. 国际运筹学会联合会

【英文全称和缩写】International Federation of Operational Research Societies，IFORS

【组织类型】国际非政府组织（INGO）

【成立时间】1959 年

【总部（或秘书处）所在地】丹麦哥本哈根

【宗旨】促进运筹学在全世界范围内的发展。

【组织架构】设执行委员会

【会员类型】机构、个人（约 3 万人）

【会员机构】54 个机构，来自以下国家：*亚洲*：印、日、以、韩、土、新、中、马、菲、伊朗、尼；*欧洲*：法、英、比、荷、挪、瑞典、德、意、丹、西、瑞士、希、爱、芬、奥、葡、冰、波、匈、克、捷、斯、白、立、斯洛、爱沙、俄、塞尔；*非洲*：南非、突、尼日；*大洋洲*：澳、新西；*北美洲*：美、加、墨；*南美洲*：阿根、巴西、智、乌、秘、哥伦

【现任主席】2022－2024 年：Janny Leung（中国澳门）

【近十年主席】2010－2012 年：Dominique de Werra（瑞士）；2013－2015 年：Nelson Maculan（巴西）；2016－2018 年：Michael Trick（美）；2019－2021 年：M. Grazia Speranza（意）

【出版物】《国际运筹学汇刊》（International Transactions in Operational Research）、《可持续性分析与建模》（Sustainability Analytics and Modeling）、《国际运筹学会联合会通讯》（IFORS Newsletter）

【系列学术会议】3 年举办一次国际运筹学会联合会大会（Conference of the International Federation of Operational Research Societies），2011 年在澳大利亚墨尔本举行，2014 年在西班牙巴塞罗那举行，2017 年在加拿大魁北克市举办。

【对外资助计划】杰出演讲项目：资助杰出学者参加会议并发表学术成果；培训讲座项目：资助关于运筹学前沿研究的培训活动；奖学金项目：资助在运筹学领域处于职业生涯早期的研究者进行访学活动。

【授予奖项】IFORS 会士奖（IFORS Fellows Award）：表彰对国际运筹学研究做出杰出贡献的个人；IFORS 运筹学进展奖（IFORS Prize for OR in Development）：表彰研究运筹学在发展中国家决策优化实践的优秀论文，3 年颁发一次。

【经费来源】会费

【与中国的关系】中国科学院应用数学研究所徐光辉研究员曾于 1992－1994 年担任 IFORS 副主席，章祥荪研究员曾于 2010－2012 年担任 IFORS 副主席，袁亚湘院士曾于 2013－2015 年担任 IFORS 副主席。1999 年 8 月，第 15 届国际运筹学会联合会大会在中国北京举办。

【官方网站】https://www.ifors.org/

10. 国际知识与系统科学学会

【英文全称和缩写】International Society for Knowledge and Systems Sciences，ISKSS

【组织类型】国际非政府组织（INGO）

【成立时间】2003 年

【总部（或秘书处）所在地】秘书处现位于中国科学院数学与系统科学研究院

【宗旨】致力于推动知识科学和系统科学的发展，鼓励专业人员之间的交流。

【组织架构】设理事会、董事会、执行委员会、财务委员会、章程委员会、出版委员会

【会员类型】机构+个人

【现任主席】2015 年至今：陈剑(中)

【现任副主席】2015 年至今：党延忠(中)；V.-N. Huynh(日)；K. Kijima(日)；马铁驹(中)；M. Makowski(澳)；G. Midgley(英)；M. Ryoke(日)；唐锡晋(中)；吴江宁(中)；T. Yoshida(日)

【近十年主席】2009－2014 年：汪寿阳(中)

【主办期刊】《国际知识与系统科学杂志》(International Journal of Knowledge and Systems Sciences)

【系列学术会议】每年举办一次国际知识与系统科学研讨会(International Symposium on Knowledge and Systems Science，KSS)，2018 年第 19 届大会在北京召开，2019 年第 20 届大会在越南岘港举行，2022 年第 21 届大会在线上召开。

【与中国的关系】中国科学院数学与系统科学研究院、大连理工大学和清华大学是 ISKSS 创始成员中的三家中方机构。清华大学陈剑教授从 2015 年起担任 ISKSS 主席，大连理工大学党延忠教授和吴江宁教授、华东理工大学马铁驹教授从 2015 年起担任 ISKSS 副主席。中国科学院数学与系统科学研究院汪寿阳研究员曾于 2009－2014 年担任 ISKSS 主席。中国科学院数学与系统科学研究院唐锡晋研究员从 2009 年起担任 ISKSS 秘书长，并从 2015 年起兼任 ISKSS 副主席。中国科学院数学与系统科学研究院顾基发教授曾于 2003－2008 年担任

ISKSS 副主席，并从 2009 年起担任 ISKSS 咨询委员会主席。作为 ISKSS 年会的国际知识与系统科学研讨会曾于 2003 年、2008 年在广州举办，曾于 2006 年、2018 年在北京举办，曾于 2010 年、2015 年在西安举办，曾于 2009 年在中国香港举办，曾于 2013 年在宁波举办。

【经费来源】会费、赞助等

【官方网站】http://www.iskss.org/

(二)物理学

1. 国际纯粹与应用物理学联合会

【英文全称和缩写】International Union of Pure and Applied Physics，IUPAP

【组织类型】国际非政府组织(INGO)

【成立时间】1922 年

【总部(或秘书处)所在地】意大利里雅斯特

【宗旨】促进和推动物理学领域的国际合作。

【主要活动】资助国际会议，推动论文摘要和物理常数表的编写和出版，促进制定关于符号、单位、术语和标准相关的国际协议等。

【组织架构】设全体代表大会、执行委员会、多个专业委员会：政策与金融委员会(C1)；符号、单位、名词、原子质量与基本常数委员会(C2)；统计物理委员会(C3)；天体粒子物理委员会(C4)；低温物理委员会(C5)；生物物理委员会(C6)；半导体委员会(C8)；磁学委员会(C9)；凝聚态结构与动力学委员会(C10)；粒子与场委员会(C11)；核物理委员会(C12)；物理发展委员会(C13)；物理教育委员会(C14)；原子、分子与光物理委员会(C15)；等离子体物理委员会(C16)；激光物理与光子学委员会(C17)；数学物理委员会(C18)；天体物理委员会(C19)；计算物理委员会(C20)。另设有多个专业工作组：未来加速器国际委员会(WG1)；物理交流工作组(WG2)；女性物理工作组(WG5)；国际超高强度激光委员会(WG7)；核物理国际合作工作组(WG9)；天体粒子物理国际委员会(WG10)；引力波国际委员会(WG11)；能源工作组(WG12)；牛顿万有引力常数工作组(WG13)；加速器科学工作组(WG14)；软物质工作组(WG15)；物理学与产业工作组(WG16)；IUPAP 一百周年工作组(WG17)；伦理工作组(WG18)；量子科技工作组(WG19)。

【会员类型】机构

【会员机构】60 个会员机构，来自以下国家：*亚洲*：中、印、伊朗、以、日、约、韩、巴、菲、沙特、新；*欧洲*：奥、比、保、克、捷、丹、爱沙、芬、法、德、希、匈、爱、意、拉、立、荷、挪、波、葡、罗、斯、斯洛、西、瑞士、瑞典、英、塞、俄；*非洲*：阿尔、埃塞、埃、加纳、塞内、南非、突；*大洋洲*：澳、新西；*北美洲*：哥斯、墨、加、古、美；*南美洲*：阿根、玻、巴西、智、秘、乌

【现任主席】2019－2024 年：Michel Spiro（法）

【现任副主席】2021－2024 年：Tetyana Antimirova（加）；Ani Aprahamian（美）；Takaaki Kajita（日）；金奎娟（中）；Tae Won Noh（韩）

【近十年主席】2014－2017 年：Bruce McKellar（澳）；2017－2019 年：Kennedy Reed（美）

【例会周期】每三年召开一次大会，各专业委员会每年在不同国家举办相关主题的多场学术会议。

【授予奖项】亨利·亚伯拉罕奖（Henri Abraham Award）：表彰为 IUPAP 做出长期卓越贡献的个人；早期职业科学家奖（Early Career Scientist Prizes）：奖励博士毕业不满 8 年的青年科学家，各专业委员会各自颁发，3 年颁发一次。此外，部分专业委员会还设有各自专门的奖项。

【与中国的关系】中国物理学会于 1984 年成为 IUPAP 会员。中国科学院院士陈佳洱、中国科学院院士詹文龙、中国科学院院士王恩哥、中国科学院物理所金奎娟研究员曾分别于 2005 年、2011 年、2017 年、2021 年当选 IUPAP 副主席。

【官方网站】http://iupap.org/

2. 国际辐射单位与测量委员会

【英文全称和缩写】International Committee on Radiation Units and Measurements，ICRU

【组织类型】国际非政府组织（INGO）

【成立时间】1925 年

【总部（或秘书处）所在地】美国马里兰州贝塞斯达

【宗旨】致力于开发与颁布国际一致接受的关于与电离辐射相关的量和单位、术语、测量程序和参考数据，并使之安全而有效地应用于医学诊断和治疗、辐射科学与技术以及个体与群体的辐射防护。

【组织架构】设董事会、9 个专业委员会：基本数量与单位委员会，放射疗法术语、数量与单位委员会，放射疗法生物效应建模与等效剂量概念委员会，

辐射防护量委员会，放射性药物疗法计划委员会，高级优化策略剂量处方委员会，肿瘤反应定量成像评估委员会，辐射相互作用随机性质委员会，基于核磁共振线性加速器的图像引导放射疗法委员会。

【会员类型】个人

【现任主席】2018 年至今：Vincent Grégoire（法）

【现任副主席】2018 年至今：Thomas R. Mackie（美）

【近十年主席】2006－2009 年：P M DeLuca，Jr（美）；2009－2018 年：H-G Menzel（德）

【出版物】《ICRU 杂志》（Journal of the ICRU），并不定期发布技术报告，如《电离辐射的基本数量和单位》（Fundamental Quantities and Units for Ionizing Radiation），定义了电离辐射的基本量和单位；《氡暴露的测量》（Measurement and Reporting of Radon Exposures），提出了氡对肺部影响风险的测量方法与指标等。

【系列学术会议】3 年举办一次国际放射学大会（International Congress of Radiology）

【授予奖项】戈瑞奖章（Gray Medal）：表彰对 ICRU 关注的领域做出卓越贡献的个人，轮流授予放射肿瘤学、医学影像学、基础科学领域的科学家，不定期颁发。

【经费来源】欧盟、美国卫生和公众服务部、国际原子能机构提供主要的财政支持，其他一些国家的医疗机构、企业、大学也提供了支持。

【官方网站】https://icru.org/

3. 国际辐射防护协会

【英文全称和缩写】International Radiation Protection Association，IRPA

【组织类型】国际非政府组织（INGO）

【成立时间】1965 年

【总部（或秘书处）所在地】在法国注册

【宗旨】为促进辐射防护交流与合作提供国际平台，促进从事辐射防护工作的科学、医学、工程、技术和法律等领域的人士的接触和合作，保护公众和环境免受电离辐射和非电离辐射所造成的危害，促进为造福人类而开发的辐射技术与核能。

【组织架构】设大会、执行委员会、出版物委员会、国际会议筹备委员会、国际会议计划委员会、蒙特利尔基金委员会、规则委员会、希沃特奖委员会、协会管理和发展委员会、实施眼晶状体剂量限制的影响任务组、辐射源安全任务组

【会员类型】机构

【会员机构】来自以下国家：**亚洲**：中、印、伊朗、以、日、韩、马、菲；**欧洲**：奥、比、保、克、塞、捷、丹、芬、法、德、希、匈、冰、爱、意、立、黑、荷、挪、波、葡、罗、俄、塞尔、斯、斯洛、西、瑞典、瑞士；**非洲**：博、布、喀、埃、埃塞、加纳、肯、马达、摩、纳、尼日、卢旺、索、南非、坦桑、突、乌干；**大洋洲**：澳、新西；**北美洲**：美、加、古、墨；**南美洲**：阿根、巴西、智、哥伦、秘、乌、委

【现任主席】2020－2024 年：Bernard le Guen（法）

【现任副主席】2020－2024 年：Christopher Clement（加）

【近十年主席】2012－2016 年：Renate Czarwinski（德）；2016－2020 年：Roger Coates（英）

【出版物】《IRPA 伦理规范》（IRPA Code of Ethics）、《IRPA 辐射防护专业指导原则》（IRPA Guiding Principles for Radiation Protection Professionals on Stakeholder Engagement）、《IRPA 辐射防护文化建设指导准则》（IRPA Guiding Principles for Establishing a Radiation Protection Culture）、《IRPA 辐射防护专家认证指南》（IRPA Guidance on Certification of a Radiation Protection Expert）、《IRPA 眼部辐射剂量监测与工作人员眼部防护实施指南》（IRPA Guidance on Implementation of Eye Dose Monitoring and Eye Protection of Workers）、《公众接触辐射和风险实用指南》（Practical Guidance for Engagement with the Public on Radiation and Risk）。

【系列学术会议】4 年举行一次国际辐射防护协会大会（International Congress of the International Radiation Protection Association），2008 年在阿根廷布宜诺斯艾利斯举行第 12 届大会，2012 年在英国格拉斯哥举行第 13 届大会，2016 年在南非开普敦举行第 14 届大会，2021 年在韩国首尔举行第 15 届大会。

【授予奖项】希沃特奖（Rolf M. Sievert Award）：表彰国际辐射防护协会大会上的优秀演讲者，4 年颁发一次。

【经费来源】会费、办会收入

【与中国的关系】中国辐射防护学会于 1989 年成为 IRPA 会员。2006 年 10 月，IRPA 亚洲区域大会在中国北京举办。

【官方网站】https://www.irpa.net/

4．国际辐射物理学会

【英文全称和缩写】International Radiation Physics Society，IRPS

【组织类型】国际非政府组织（INGO）

【成立时间】1985 年

【总部（或秘书处）所在地】意大利博洛尼亚

【宗旨】推动辐射物理学的全球信息交流，促进辐射物理学的理论和实验研究、教学，以及辐射的和平利用。

【组织架构】设执行委员会、顾问委员会

【会员类型】机构、个人

【现任主席】2018 年至今：David A Bradley（英）

【近十年主席】2009－2012 年：Odair Goncalves（巴西）；2012－2015 年：Ladislav Musilek（捷）；2015－2018 年：Chris Chantler（澳）

【系列学术会议】3 年举办一次国际辐射物理学研讨会（International Symposium on Radiation Physics），2012 年在巴西里约热内卢举办，2015 年在中国北京举办，2018 年在阿根廷科尔多瓦举办，2021 年在马来西亚吉隆坡举办。3 年举办一次国际工业辐射与放射线同位素测量应用大会（International Conference on Industrial Radiation and Radioisotope Measurement Applications），2008 年在捷克布拉格举办，2011 年在美国堪萨斯城举办，2014 年在西班牙瓦伦西亚举办，2017 年在美国芝加哥举办，2020 年在俄罗斯莫斯科举办。3 年举办一次国际剂量学与应用大会（International Conference on Dosimetry and Applications），2013 年在捷克布拉格举办，2016 年在英国吉尔福德举办，2019 年在葡萄牙里斯本举办。

【经费来源】会费

【与中国的关系】中国科学院高能物理所吴自玉研究员、董宇辉研究员曾分别于 2009－2015 年、2015－2021 年担任 IRPS 东北亚地区的区域副主席。2015 年，第 13 届国际辐射物理学研讨会在中国北京举办。

【官方网站】https://www.canberra.edu.au/irps

5. 国际光学委员会

【英文全称和缩写】International Commission for Optics，ICO

【组织类型】国际非政府组织（INGO）

【成立时间】1947 年

【宗旨】旨在为国际光学和光子学领域的知识进步和传播做出贡献。

【总部（或秘书处）所在地】法国巴黎

【组织架构】设大会、执行委员会

【会员类型】机构

【会员机构】来自以下国家：*亚洲*：亚、印、印尼、伊朗、以、日、韩、新、土、中；*欧洲*：白、比、捷、丹、爱沙、芬、法、德、希、匈、爱、意、拉、立、摩尔、荷、挪、波、葡、罗、俄、斯、西、瑞典、瑞士、乌克兰、英；*非洲*：加纳、摩、苏、突；*大洋洲*：澳、新西；*北美洲*：加、古、墨、美；*南美洲*：阿根、巴西、哥伦、厄、委

【现任主席】2021－2024 年：John C. Howell（以）

【现任副主席】2021－2024 年：Jürgen Czarske（德）；Pietro Ferraro（意）；龚旗煌（中）；Nataliya Kundikova（俄）；Kaoru Minoshima（日）；Sara Otero（西）；Leszek Sirko（波）；Nathalie Westbrook（法）

【近十年主席】2008－2011 年：Maria L. Calvo（意）；2011－2014 年：Duncan T. Moore（美）；2014－2017 年：Yasuhiko Arakawa（日）；2017－2020 年：Roberta Ramponi（意）

【系列学术会议】3 年举办一次 ICO 大会（Congress of the International Commission for Optics），2011 年在墨西哥普埃布拉举办第 22 届 ICO 大会，2014 年在西班牙圣地亚哥德孔波斯特拉举办第 23 届 ICO 大会，2017 年在日本东京举办第 24 届 ICO 大会，2021 年在德国德累斯顿举办第 25 届 ICO 大会。

【对外资助计划】设有旅行演讲计划（Traveling Lecturer Program），主要资助发展中国家的科学家跨国开展学术讲座和国际交流合作。

【授予奖项】ICO 奖（ICO Prize）：奖励对光学领域做出杰出贡献、发表优秀论文的 40 岁以下的青年科学家；IUPAP 青年光学科学家奖（IUPAP Young Scientist Prize in Optics）：由 ICO 与国际纯粹与应用物理学联合会（IUPAP）联合设立，奖励在光学领域中做出杰出贡献的、取得博士学位不满 8 年的青年科学家；ICO 伽利略·伽利雷奖章（ICO Galileo Galilei Medal）：奖励在极为困难的条件下仍然对光学做出杰出贡献的个人；ICO-ICTP 加利诺·德纳多奖（ICO-ICTP Gallieno Denardo Award）：由 ICO 与国际理论物理中心（International Centre for Theoretical Physics）联合设立，奖励 40 岁以下的发展中国家青年科学家，他们为本国或其他发展中国家的光学研究做出了杰出贡献。以上奖项均每年颁发一次。

【经费来源】会费

【与中国的关系】第 20 届 ICO 大会由中国光学学会和中国科学院长春光学精密机械与物理研究所承办，于 2005 年 8 月在长春召开。北京大学龚旗煌院士于 2017 年当选 ICO 副主席，2021 年连任 ICO 副主席。

【官方网站】https://www.e-ico.org/

6. 国际空间研究委员会

【英文全称和缩写】Committee on Space Research，COSPAR

【组织类型】国际非政府组织(INGO)

【成立时间】1958 年

【总部(或秘书处)所在地】法国巴黎

【宗旨】致力于推动空间科学研究，以及卫星、火箭、飞船、高空气球等领域的科学研究和相关国际合作。

【组织架构】设理事会、提名委员会、科学顾问委员会、产业关系委员会，以及 8 个科学委员会(Scientific Commissions)，分别为：地面气象和气候空间研究委员会(Space Studies of the Earth's Surface，Meteorology and Climate)，地月系统、行星和太阳系小天体空间研究委员会(Space Studies of the Earth-Moon System，Planets，and Small Bodies of the Solar System)，地球和行星高层大气空间研究(包括参考大气)委员会(Space Studies of the Upper Atmospheres of the Earth and Planets Including Reference Atmospheres)，太阳系空间等离子体(包括行星磁层)委员会(Space Plasmas in the Solar System，Including Planetary Magnetospheres)，空间天体物理研究委员会(Research in Astrophysics from Space)，空间生命科学委员会(Life Sciences as Related to Space)，空间材料科学委员会(Materials Sciences in Space)，空间基础物理委员会(Fundamental Physics in Space)。

【会员类型】机构

【会员机构】46 个机构，来自以下国家：*亚洲*：中、土、印、印尼、以、日、韩、马、巴、沙特、泰、阿联酋、新；*欧洲*：比、奥、丹、芬、法、德、匈、意、荷、波、罗、俄、斯、西、瑞典、瑞士、乌克兰、英、塞；*非洲*：埃、埃塞、加纳、摩、南非；*大洋洲*：澳、新西；*北美洲*：加、墨、美；*南美洲*：阿根、巴西。另有 12 个国际组织会员：国际天文学联合会(International Astronomical Union)、国际数学联盟(International Mathematical Union)、国际摄影测量与遥感学会(International Society for Photogrammetry and Remote Sensing)、国际生物化学与分子生物学联盟(International Union of Biochemistry and Molecular Biology)、国际生物科学联合会(International Union of Biological Sciences)、国际晶体学联合会(International Union of Crystallography)、国际大地测量学与地球物理学联合会(International Union of Geodesy and Geophysics)、国际地质科学联合会(International Union of Geological Sciences)、国际生理科学

联合会(International Union of Physiological Sciences)、国际纯粹与应用化学联合会(International Union of Pure & Applied Chemistry)、国际无线电科学联盟(International Union of Radio Science)、国际理论与应用力学联盟(International Union of Theoretical & Applied Mechanics)

【现任主席】2022－2026 年：Pascale Ehrenfreund(奥)

【现任副主席】2022－2026 年：Catherine Césarsky(法)；Pietro Ubertini(意)

【近十年主席】2014－2022 年：Lennard A. Fisk(美)

【出版物】《空间研究进展》(Advances in Space Research)、《空间研究中的生命科学》(Life Sciences in Space Research)、《今日空间研究》(Space Research Today)

【系列学术会议】两年召开一次 COSPAR 科学大会(COSPAR Scientific Assemblies)，会议规模约 2000～3000 人，2016 年在土耳其伊斯坦布尔召开，2018 年在美国加州帕萨迪纳召开，2021 年以线上方式召开，2022 年在希腊雅典召开。

【授予奖项】空间科学奖(Space Science Award)：表彰对空间科学做出杰出贡献的科学家；国际合作奖章(International Cooperation Medal)：表彰对国际空间科学合作做出重大贡献的科学家；威廉·诺德伯格奖章(William Nordberg Medal)：表彰对空间科学应用做出杰出贡献的科学家；梅西奖(Massey Award)：表彰对空间科学研究做出杰出贡献的科学家；COSPAR 杰出服务奖章(COSPAR Distinguished Service Medal)：表彰为 COSPAR 提供了卓越服务的个人；萨拉巴伊奖章(Vikram Sarabhai Medal)：由印度空间研究组织(ISRO)和 COSPAR 联合设立，表彰对发展中国家空间科学研究做出杰出贡献的科学家；赵九章奖(Jeoujang Jaw Award)：由中国科学院和 COSPAR 联合设立，表彰在促进空间研究方面以及建立新的空间科学研究和探测项目方面具有卓越开创性贡献的科学家；塞尔多维奇奖章(Zeldovich Medals)：由俄罗斯科学院和 COSPAR 联合设立，表彰杰出的青年科学家；COSPAR 青年科学家杰出论文奖(COSPAR Outstanding Paper Award for Young Scientists)：表彰未满 31 岁的第一作者在 COSPAR 主办的《空间研究进展》或《空间研究中的生命科学》两份期刊上发表的优秀论文。以上奖项均为两年颁发一次。

【经费来源】会费、会议注册费、出版物销售收入、捐赠、资本运营收益

【与中国的关系】中国科学院是 COSPAR 的正式会员。2006 年的 COSPAR 科学大会在北京召开。中国科学院国家空间科学中心吴季研究员曾于 2011－2018 年担任 COSPAR 副主席，并于 2022 年获得 COSPAR 国际合作奖章。北京

大学涂传诒院士、中国科学院国家空间科学中心刘振兴院士、徐荣兰研究员、北京大学濮祖荫教授分别于 1992 年、2000 年、2002 年、2010 年获得萨拉巴伊奖章。

【官方网站】https://cosparhq.cnes.fr/

7. 国际理论与应用力学联盟

【英文全称和缩写】International Union of Theoretical and Applied Mechanics，IUTAM

【组织类型】国际非政府组织（INGO）

【成立时间】1946 年

【总部（或秘书处）所在地】秘书处位于波兰华沙波兰科学院

【宗旨】致力于在从事理论和应用力学及相关学科的个人和机构之间建立联系，组织相关国际会议，以及有利于促进力学发展的各种活动。

【组织架构】设一个理事会

【会员类型】机构

【会员机构】48 个机构，来自以下国家：*亚洲*：沙特、亚、中、印、以、日、韩、越、土、格；*欧洲*：奥、比、保、克、捷、丹、爱沙、芬、法、德、希、匈、爱、意、荷、挪、波、乌克兰、英、瑞士、瑞典、西、斯洛、塞尔、罗、葡、俄；*非洲*：埃、南非；*大洋洲*：新西；*北美洲*：加、美、墨；*南美洲*：阿根、巴西、智

【现任主席】2020－2024 年：N.A.（Norman）Fleck（英）

【近十年主席】2008－2012 年：T.J. Pedley（英）；2012－2016 年：V. Tvergaard（丹）；2016－2020 年：N. Aubry（美）

【系列学术会议】4 年举办一次国际理论与应用力学大会（International Congresses on Theoretical and Applied Mechanics），2008 年在澳大利亚阿德莱德举办，2012 年在中国北京举办，2016 年在加拿大蒙特利尔举办，2021 年在线上举办。

【授予奖项】IUTAM 事务局奖（IUTAM Bureau Prize）：奖励在国际理论与应用力学大会上发表优秀论文与演讲的 35 岁以下青年科学家，4 年颁发一次，每次 2～3 人。

【经费来源】会费、捐赠

【与中国的关系】中国力学学会于 1980 年代表中国加入 IUTAM。2012 年，第 23 届国际理论与应用力学大会在中国北京举行。截至 2021 年，胡海岩院士、

李家春院士、白以龙院士、杨卫院士担任 IUTAM 理事，卢天健、王建祥担任 IUTAM 大会委员会委员。

【官方网站】https://iutam.org/

8．国际量子结构协会

【英文全称和缩写】International Quantum Structures Association，IQSA

【组织类型】国际非政府组织（INGO）

【成立时间】1990 年

【总部（或秘书处）所在地】秘书处位于英国莱斯特大学

【宗旨】旨在促进基于量子力学的物理、数学、哲学、应用科学和跨学科领域的发展。

【组织架构】设执行委员会

【会员类型】个人，来自 27 个国家，约 150 人

【现任主席】2020 年至今：Sonja Smets（荷）

【现任副主席】2020 年至今：Roberto Leporini（意）

【近十年主席】2010－2012 年：Roberto Giuntini（意）；2012－2014 年：Karl Svozil（奥）；2014－2016 年：John Harding（美）；2016－2018 年：Paul Busch（英）；2018－2020 年：Roberto Leporini（意）

【系列学术会议】两年举办一次量子结构大会（IQSA Conference Quantum Structures），2016 年在英国莱斯特举办，2018 年在俄罗斯喀山举办，2022 年在意大利特罗佩亚举办。

【授予奖项】诺伊曼奖（Birkhoff-von Neumann Prize）：奖励在量子结构领域取得杰出成就，对量子逻辑和量子基础研究产生了重要影响的个人，两年颁发一次。

【官方网站】https://www.dicta.cl/CLEA-backup/IQSA/index.html

9．国际摩擦学理事会

【英文全称和缩写】International Tribology Council，ITC

【组织类型】国际非政府组织（INGO）

【成立时间】1973 年

【总部（或秘书处）所在地】英国兰开夏郡普雷斯顿市

【宗旨】与世界各地的摩擦学领域的学术团体和机构沟通，支持组建各国摩擦学协会，促进会员机构之间的交流。

【主要活动】不定期发布摩擦学在经济、能源、环境领域的应用与影响的报告，如《润滑（摩擦学）现状与行业需求报告》（Lubrication（Tribology）-A Report on the Present Position and Industry's Needs）、《摩擦学的经济影响》（Economic Impact of Tribology）等。

【组织架构】设执行委员会

【会员类型】机构

【会员机构】41 个机构，来自以下国家：*亚洲*：亚、中、印、以、日、韩、马、泰、越、格；*欧洲*：奥、白、比、保、捷、芬、法、德、匈、意、立、荷、挪、波、罗、俄、塞尔、斯、斯洛、西、瑞士、乌克兰、英；*非洲*：埃、尼日、南非；*北美洲*：美；*南美洲*：阿根、巴西

【现任主席】2023－2026 年：Nicholas D. Spencer（瑞士）

【近十年主席】1973－2016 年：Peter Jost（捷）；2017 年：Kenneth Holmberg（芬）；2018－2022 年：Ali Erdemir（美）

【出版物】《磨损杂志》（Wear Journal）、《国际摩擦学》（Tribology International）、《摩擦学快报》（Tribology Letters）、《摩擦学杂志》（Journal of Tribology）、《摩擦学汇刊》（Tribology Transactions）、《润滑科学》（Lubrication Science）、《摩擦》（Friction）、《工程摩擦学杂志》（The Journal of Engineering Tribology）、《摩擦学与润滑技术》（Tribology and Lubrication Technology）、《工业润滑与摩擦学》（Industrial Lubrication and Tribology）、《生物与摩擦腐蚀杂志》（Journal of Bio-and Tribo-Corrosion）、《机械工程前沿：摩擦学》（Frontiers in Mechanical Engineering: Tribology）、《润滑剂》（Lubricants）

【系列学术会议】每 4 年举办一次世界摩擦学大会（World Tribology Congress），2009 年在日本京都举办，2013 年在意大利都灵举办，2017 年在北京举办，会议规模 2000 余人，2022 年在法国里昂举办。

【授予奖项】摩擦学金质奖章（Tribology Gold Medal）：奖励在摩擦学领域取得顶尖学术成果的个人或团队，每年颁发一次；乔斯特摩擦学奖（Peter Jost Tribology Award）：奖励处于科研职业生涯中期、表现出非凡潜力和取得了杰出成就的技术创新人才，4 年颁发一次。

【经费来源】会员会费

【与中国的关系】清华大学雒建斌院士现任 ITC 执行委员会成员。2017 年，在北京举办第六届世界摩擦学大会。

【官方网站】https://www.itctribology.net/

10. 国际声学委员会

【英文全称和缩写】International Commission for Acoustics，ICA

【组织类型】国际非政府组织（INGO）

【成立时间】1951 年

【总部（或秘书处）所在地】西班牙马德里

【宗旨】致力于促进国际声学领域的研究、教学和标准化方面的发展与合作。

【组织架构】设理事会

【会员类型】机构

【会员机构】47 个机构，来自以下国家：*亚洲*：中、印、印尼、伊朗、以、日、韩、新；*欧洲*：奥、比、克、捷、丹、芬、法、德、希、匈、冰、意、立、荷、挪、波、葡、俄、塞尔、斯、斯洛、西、瑞典、瑞士、英；*非洲*：埃；*大洋洲*：澳、新西；*北美洲*：加、墨、美；*南美洲*：阿根、巴西、智、秘

【现任主席】2022－2025 年：Dorte Hammershøi（丹）

【现任副主席】2022－2025 年：Jorge Arenas（智）

【近十年主席】2007－2010 年：Samir Gerges（巴西）；2010－2013 年：Michael Vorländer（德）；2013－2016 年：Marion Burgess（澳）；2016－2019 年：Michael Taroudakis；2019－2022 年：Mark Hamilton（美）

【系列学术会议】每 3 年召开一次国际声学大会（International Congresses on Acoustics），2013 年在加拿大蒙特利尔举行，2016 年在阿根廷布宜诺斯艾利斯举行，2019 年在德国亚琛举行，2022 年在韩国庆州举行。

【对外资助计划】设有声学专业研讨会赞助项目（Sponsorship of Specialty Symposia in Acoustics），为科学家提供每人最高 1500 欧元的经费，支持他们参加国际研讨会；青年科学家参会资助项目（Young Scientist Conference Attendance Grants）：为 35 岁以下的青年科学家、研究生提供参加国际会议所需的经费。

【授予奖项】ICA 早期职业奖（ICA Early Career Award）：奖励处于职业生涯早期、为推动理论或应用声学做出实质性贡献的研究者，3 年颁发一次。

【经费来源】会费

【与中国的关系】中国声学学会、（中国）香港声学学会、（中国）台湾声学学会均为 ICA 会员。1992 年 9 月，第 14 届国际声学大会在中国北京举办。中国科学院院士马大猷曾于 1987－1993 年担任 ICA 委员，中国科学院院士张仁和曾于 2001－2004 年担任 ICA 委员，中国科学院院士侯朝焕曾于 2004－2010 年

担任 ICA 委员，中国科学院信息工程研究所前所长田静曾于 2013－2016 年担任 ICA 副主席。

【官方网站】https://www.icacommission.org/

11. 国际声学与振动学会

【英文全称和缩写】International Institute of Acoustics and Vibration，IIAV

【组织类型】国际非政府组织（INGO）

【成立时间】1995 年

【总部（或秘书处）所在地】美国奥本大学

【宗旨】致力于促进声学与振动科学的发展，以满足各国声学与振动领域的科学家和工程师的需求。

【组织架构】设章程修订委员会（Bylaws Revision Committee）、未来和长期目标委员会（Future and Long-Term Goals Committee）、荣誉和奖励委员会（Honours and Awards Committee）、会员委员会（Membership Committee）、提名和选举委员会（Nominations and Elections Committee）、出版委员会（Publications Committee）

【会员类型】机构、个人

【现任主席】2022－2024 年：Jian Kang（英）

【近十年主席】2010－2012 年：Hans Boden（瑞典）；2012－2014 年：Marek Pawelczyk（波）；2014－2016 年：Len Gelman（英）；2016－2018 年：Jorge P. Arenas（智）；2018－2020 年：Eleonora Carletti（意）；2020－2022 年：Maria A. Heckl（英）

【出版物】《国际声学与振动杂志》（International Journal of Acoustics and Vibration）

【系列学术会议】每年举办一次国际声音与振动大会（International Congress on Sound and Vibration），2017 年在英国伦敦召开，2018 年在日本广岛召开，2019 年在加拿大蒙特利尔召开，2021 年在捷克布拉格召开，2022 年在新加坡召开。

【授予奖项】IIAV 声学、噪声与振动研究学生奖（IIAV Student Awards for Studies in Acoustic，Noise and Vibration）：支持学生们在声学领域的学习和研究，一年颁发两次；赖特希尔最佳学生论文奖（The Sir James Lighthill Best Student Paper Award）：奖励在国际声音与振动大会上发表的优秀论文，每年颁发一次。

【经费来源】会费

【与中国的关系】中国声学学会于 2009 年成为 IIAV 理事单位。中国科学院声学研究所副所长杨军研究员于 2020－2024 年担任 IIAV 执行理事会理事。IIAV 于 2010 年授予中国声学学会理事长、中国科学院声学研究所田静研究员荣誉会士称号。2001 年 7 月，第 8 届国际声音与振动大会在中国香港召开。2014 年 7 月，第 21 届国际声音与振动大会在中国北京召开。

【官方网站】https://iiav.org/

12. 国际水和蒸汽性质协会

【英文全称和缩写】The International Association for the Properties of Water and Steam，IAPWS

【组织类型】国际非政府组织（INGO）

【成立时间】1977 年

【宗旨】提高对水、蒸汽、含水系统性质的认识，特别在工业和环境领域的重要性质，并使世界各国的工程师和科学家能够获得这些知识。

【组织架构】设 4 个专业工作组和 1 个分会，分别是：水和蒸汽的热物理性质工作组（Thermophysical Properties of Water and Steam）、水系统物理化学工作组（Physical Chemistry of Aqueous Systems）、功率循环化学工作组（Power Cycle Chemistry）、工业需求与解决方案工作组（Industrial Requirements and Solutions）、海水分会（Subcommittee on Seawater）。

【会员类型】机构

【会员机构】来自以下国家：*亚洲*：日、中、印、以；*欧洲*：英、捷、德、俄、丹、芬、挪、瑞典、希、意、瑞士；*非洲*：埃；*大洋洲*：澳、新西；*北美洲*：加、美；*南美洲*：巴西

【现任主席】2021 年至今：Daniel G. Friend（美）

【近十年主席】2009－2010 年：Daniel G. Friend（美）；2011－2012 年：Karol Daucik（丹）；2013－2014 年：Tamara Petrova（俄）；2015 年：David Guzonas（加）；2016－2018 年：Hans-Joachim Kretzschmar（德）；2019－2020 年：Jan Hrubý（捷）

【出版物】发布与水、蒸汽、水溶液性质相关的数据和指南，制定《IAPWS 技术指南文件》（IAPWS Technical Guidance Documents）。

【系列学术会议】不定期举办国际水和蒸汽性质大会（International Conferences on the Properties of Water and Steam），2013 年在英国伦敦举办，2018 年在捷克布拉格举办，2019 年在加拿大艾伯塔省班夫镇举办。

【授予奖项】吉布斯奖(IAPWS Gibbs Award)：奖励在 IAPWS 关注的领域中做出杰出贡献的资深科学家，5 年颁发一次；亥姆霍兹奖(IAPWS Helmholtz Award)：奖励在 IAPWS 关注的领域中取得有前景的成果的青年科学家，1～2 年颁发一次；荣誉会士(IAPWS Honorary Fellow)：表彰对 IAPWS 的组织工作做出杰出贡献的个人，1～3 年颁发一次。

【经费来源】会费

【与中国的关系】西安热工研究院有限公司汪德良、田利现任 IAPWS 中国联络人。2006 年，中国科学院化学研究所项红卫副研究员获得 IAPWS 亥姆霍兹奖。

【官方网站】http://www.iapws.org/

13. 国际天文学联合会

【英文全称和缩写】International Astronomical Union，IAU

【组织类型】国际非政府组织(INGO)

【成立时间】1919 年

【总部(或秘书处)所在地】法国巴黎

【宗旨】旨在推广天文科学，通过国际合作，促进和保障天文学在研究、交流、教育等各方面的发展。

【组织架构】设大会、执行委员会，下设数十个工作组

【会员类型】机构

【会员机构】82 个机构，来自以下国家：*亚洲*：亚、中、格、印、印尼、伊朗、以、日、约、哈、朝、韩、黎、马、蒙、菲、沙特、叙、塔、泰、土、阿联酋、越；*欧洲*：奥、比、保、克、塞、捷、丹、爱沙、芬、法、德、希、匈、冰、爱、意、拉、立、荷、挪、波、葡、罗、俄、塞尔、斯、斯洛、西、瑞典、瑞士、乌克兰、英、梵；*非洲*：阿尔、埃、埃塞、加纳、马达、摩、莫、尼日、南非；*大洋洲*：澳、新西；*北美洲*：加、哥斯、洪、墨、巴拿、美；*南美洲*：阿根、玻、巴西、智、哥伦、秘、乌、委

【现任主席】2021 年至今：Debra Meloy Elmegreen(美)；Willy Benz(瑞士)

【现任副主席】2018 年至今：Laura Ferrarese(加)；Hyesung Kang(韩)；Daniela Lazzaro(巴西)；Solomon Belay Tessema(埃塞)；Ilya G. Usoskin(芬)；Junichi Watanabe(日)

【出版物】《国际天文学联合会会议录》(Proceedings of the International Astronomical Union)、《小天体命名工作组通报》(WGSBN Bulletin)

【系列学术会议】每 3 年召开一次大会(General Assembly)，每 3～5 年召

开一次 IAU 学术研讨会(IAU Symposia)，每 3 年在全体大会召开期间举行一次焦点会议(Focus Meeting)和一次机构会议(Institutional Meeting)，每 3 年召开一次区域大会(Regional Meeting)，分别在亚太地区、拉美地区、中东和非洲地区召开。

【授予奖项】格鲁伯宇宙学奖(Gruber Cosmology Prize)：表彰在理论、分析、概念或观测发现方面做出杰出成就的天文学家、天体物理学家、科学哲学家，每年颁发一次；博士奖(IAU PhD Prize)：表彰天体物理学领域的杰出科学博士生研究成果，每年颁发一次。

【经费来源】会费

【与中国的关系】中国于 1935 年加入 IAU 。2012 年，第 28 届国际天文学联合会大会(IAU 28th General Assembly)在北京举行，会议规模约 2000 人。

【官方网站】https://www.iau.org/

14. 国际无线电科学联盟

【英文全称和缩写】International Union of Radio Science，URSI(为法语名 Union Radio-Scientifique Internationale 的缩写)

【组织类型】国际非政府组织(INGO)

【成立时间】1913 年

【总部(或秘书处)所在地】比利时布鲁塞尔

【宗旨】致力于鼓励和促进无线电科学及其应用方面的国际活动，推动相关测量仪器的标准化，支持与电磁波和电信相关的科学研究。

【组织架构】下设 10 个专业领域的科学委员会：电磁计量委员会、场与波以及电磁理论与应用委员会、信号和系统委员会、物理电子学委员会、干扰环境委员会、非电离媒质中的波现象委员会、电离层无线电波传播委员会、等离子体中的波委员会、射电天文学委员会、生物学和医学中的电磁学委员会。

【会员类型】机构、个人

【会员机构】44 个机构，来自以下国家：*亚洲*：中、韩、日、印、新、土、以、伊、沙特；*欧洲*：奥、比、西、捷、法、德、匈、爱、意、荷、丹、芬、波、斯、保、瑞典、瑞士、英、希、挪、葡、乌克兰、俄；*非洲*：尼日、埃、南非；*大洋洲*：澳、新西；*北美洲*：加、美；*南美洲*：智、巴西、秘、阿根

【现任主席】2020 年至今：Piergiorgio Uslenghi(美)

【现任副主席】2017 年至今：Ari Sihvola(芬)；2021 年至今：Patricia Doherty(美)；Kazuya Kobayashi(日)；Giuliano Manara(意)

【近十年主席】2009－2011 年：Francois Lefeuvre（法）；2011－2014 年：Phil Wilkinson（澳）；2014－2017 年：Paul Cannon（英）；2017－2020 年：Makoto Ando（日）

【出版物】《The Radio Science Bulletin》（无线电科学通讯）、《URSI Radio Science Letters》（URSI 无线电科学快报）

【系列学术会议】3 年举办一次 URSI 全体大会与科学研讨会（URSI General Assembly and Scientific Symposium），2011 年在土耳其伊斯坦布尔举办，2014 年在北京举办，2017 年在加拿大蒙特利尔举办，2021 年在意大利罗马举办。3 年举办一次 URSI 亚太无线电科学大会（URSI Asia-Pacific Radio Science Conference），2013 年在中国台北举办，2016 年在韩国首尔举办，2019 年在印度新德里举办，2022 年在西班牙大加纳利岛举办。3 年举办一次 URSI 大西洋无线电科学会议（URSI Atlantic Radio Science Meeting），2015 年、2018 年和 2022 年都在西班牙大加纳利岛举办。

【授予奖项】巴尔塔扎尔·范德尔·波尔金质奖章（Balthasar van der Pol Gold Medal）：奖励对 URSI 涵盖的学科领域做出学术贡献的科学家；布克金质奖章（Booker Gold Medal）：奖励在电子通信相关学科领域中取得的杰出成果；阿普尔顿奖（Appleton Prize）：奖励电离层物理学领域的杰出成果；伊萨克·科加奖章（Issac Koga Medal）：奖励对 URSI 涵盖的学科领域做出贡献的 35 岁以下青年科学家；桑蒂梅·巴苏奖（Santimay Basu Prize）：奖励处于职业生涯早期并做出杰出贡献的科学家；约翰·霍华德·德林杰金质奖章（John Howard Dellinger Gold Medal）：奖励在与无线电相关的物理、数学、电子通信等领域做出杰出贡献的科学家；卡尔·拉威尔金质奖章（Karl Rawer Gold Medal）：奖励对地球电离层和内部磁性层相关研究做出杰出贡献的科学家；主席奖（President's Award）：表彰对 URSI 的工作和使命做出杰出贡献的 USRI 管理团队成员。以上奖项均 3 年颁发一次。

【经费来源】会费、捐赠

【与中国的关系】2013 年 9 月，URSI 亚太无线电科学大会在中国台北举行。2014 年 8 月，第 31 届 URSI 全体大会与科学研讨会在中国北京举行。

【官方网站】http://ursi.org/homepage.php

15. 国际显微镜学会联合会

【英文全称和缩写】International Federation of Societies for Microscopy，IFSM

【组织类型】国际非政府组织(INGO)

【成立时间】1954 年

【宗旨】为显微镜各个领域的进步做出贡献

【总部(或秘书处)所在地】美国伊利诺伊州

【组织架构】设执行委员会

【会员类型】机构

【会员机构】44 个机构，来自以下国家：*亚洲*：亚、中、印、以、日、韩、新、泰、土；*欧洲*：奥、比、克、捷、斯、法、德、匈、爱、意、荷、波、葡、斯洛、西、瑞士、保、拉、摩尔、罗、英、俄；*非洲*：南非、埃；*大洋洲*：澳、新西；*北美洲*：加、美、墨、古；*南美洲*：巴西、委、厄、阿根

【现任主席】2019 年至今：Angus I. Kirkland(英)

【现任副主席】2015 年至今：Kazuo Furuya(日)

【系列学术会议】4 年举办一次国际显微镜学大会(International Microscopy Congress)，2010 年在巴西里约热内卢举办，2014 年在捷克布拉格举办，2018 年在澳大利亚悉尼举办。

【对外资助计划】设有 IFSM 学生与职业生涯早期研究者基金(IFSM Student and Early-Career Researcher Fund)，为青年学生和科研人员提供参加国际会议的差旅费。

【授予奖项】约翰·考利奖章(John Cowley Medal)：表彰在衍射物理或显微镜领域取得终身成就的科学家；弗农·考斯莱特奖章(Vernon Cosslett Medal)：表彰在光学和仪器仪表开发领域取得终身成就的科学家；桥本初次郎奖章(Hatsujiro Hashimoto Medal)：表彰在物理学应用领域取得终身成就的科学家；爱德华·克林贝格奖章(Eduard Kellenberger Medal)：表彰将显微镜技术应用于生命科学并取得终身成就的科学家。以上奖项均 4 年颁发一次。

【经费来源】会费

【与中国的关系】2014 年，西安交通大学贾春林教授获得桥本初次郎奖章。

【官方网站】http://ifsm.info/index.html

16. 国际相对论动力学协会

【英文全称和缩写】International Association for Relativistic Dynamics，IARD

【组织类型】国际非政府组织(INGO)

【成立时间】1998 年

【总部(或秘书处)所在地】美国

【宗旨】旨在促进粒子和场的经典量子相对论动力学研究与知识传播。

【组织架构】设理事会

【现任主席】Martin C. Land（以）

【现任副主席】James O'Brien（美）

【系列学术会议】两年举办一次国际相对论动力学协会大会（IARD Conference），2016 年在斯洛文尼亚卢布尔雅那举行，2018 年在墨西哥梅里达举行，2020 年在线上举行，2022 年在捷克布拉格举行。

【与中国的关系】2010 年 5 月，IARD2010 大会在中国台湾花莲东华大学举办。

【官方网站】http://www.iard-relativity.org/

17. 国际宇航联合会

【英文全称和缩写】International Astronautical Federation，IAF

【组织类型】国际非政府组织（INGO）

【成立时间】1951 年

【总部（或秘书处）所在地】法国巴黎

【宗旨】旨在推动对太空的研究、探索和和平利用。

【组织架构】设全体大会、主席团、执行秘书处，下设几十个行政委员会和技术委员会。

【会员类型】机构

【会员机构】433 个机构，来自以下国家：*亚洲*：中、印、巴林、日、以、阿塞、泰、土、印尼、韩、巴、伊朗、阿联酋、沙特、马、新、越；*欧洲*：丹、法、德、西、荷、瑞士、克、葡、英、挪、俄、比、保、罗、塞、爱沙、波、芬、瑞典、匈、希、立、卢、奥、爱、乌克兰、塞尔、斯、意、捷；*非洲*：南非、埃、阿尔、安哥、突、摩、肯、尼日、毛求；*大洋洲*：澳、新西；*北美洲*：美、墨、加、哥斯、洪、波多黎各；*南美洲*：厄、乌、哥伦、阿根、巴西、巴拉

【现任主席】2022－2025 年：Clay Mowry（美）

【现任副主席】2022－2025 年：Mishaal Ashemimry（沙特）；Steve Eisenhart（美）；Anil Kumar（印）；Andreas Lindenthal（德）；Tanja Masson-Zwaan（荷）；Nobu Okada（日）；Davide Petrillo（意）；Lionel Suchet（法）；Anthony Tsougranis（美）；王小军（中）；Pilar Zamora（哥伦）

【近十年主席】2010－2012 年：B. Feuerbacher（德）；2012－2016 年：K.

Higuchi(日)；2016－2019 年：Jean-Yves Le Gall(法)；2019－2022 年：Pascale Ehrenfreund(奥)

【系列学术会议】每年召开一次国际宇航大会(International Astronautical Congress)，规模约 6000 人。2019 年在美国华盛顿特区召开第 70 届大会，2020 年在线上召开第 71 届大会，2021 年在阿联酋迪拜召开第 72 届大会。

【授予奖项】世界空间奖(IAF World Space Award)：表彰在空间科学技术、空间医学、空间法或空间管理方面做出杰出贡献的个人或者团队；IAF 国际合作卓越奖(IAF Excellence in International Cooperation Award)：表彰对促进空间领域全球合作做出杰出贡献的个人，每年颁发一次；艾伦·埃米尔纪念奖(Allan D. Emil Memorial Award)：表彰对国际航天活动做出杰出贡献的个人，每年颁发一次；IAF 名人堂(IAF Hall of Fame)：表彰对推动空间科学技术做出杰出贡献的科学家，每年颁发一次，每次授予 5 人；3G 多样性卓越奖(IAF Excellence in 3G Diversity Award)：表彰 IAF 会员机构对促进宇航领域中的 3G(地理、世代、性别)多样性做出的贡献；IAF 行业卓越奖(IAF Excellence in Industry Award)：表彰对促进创新性宇航技术的市场化应用做出杰出贡献、成功推动了具有里程碑意义的宇航任务的执行机构；IAF 杰出服务奖(IAF Distinguished Service Award)：奖励为航天事业和 IAF 的发展做出贡献的个人；弗兰克·马利纳航天奖章(Frank J. Malina Astronautics Medal)：表彰对空间科学教育做出杰出贡献的个人，每年颁发一次；路易吉·纳波利塔诺奖(Luigi G. Napolitano Award)：表彰在航空航天科学领域做出杰出贡献，并在国际宇航大会上发表研究论文的青年科学家；IAF 青年太空领袖表彰计划(IAF Young Space Leaders Recognition Programme)：表彰航空航天领域的研究生和青年专业人士在早期职业生涯中做出的杰出贡献；IAF 互动演示奖(IAF Interactive Presentation Award)：表彰在国际宇航大会上的最佳互动演示成果，每年颁发一次；IAF 学生竞赛奖(IAF Student Competition)：表彰 IAF 论文竞赛中取得优异成绩的学生。

【经费来源】会费、捐款

【与中国的关系】中国运载火箭技术研究院院长王小军现任 IAF 副主席。北京航空航天大学能源动力与工程学院郑日恒于 2015 年担任 IAF 空间推进委员会副主席。2019 年，中国工程院院士戚发轫获得了"IAF 名人堂"奖项。北京未来空间技术研究所、北京无限教育有限公司、北京星际荣耀空间科技有限公司、北京智慧卫星科技有限公司、北京航天应用与科学教育有限公司、北京三智空间科技有限公司均为 IAF 会员机构。2013 年 9 月，第 64 届国际宇航大会在北京召开。

【官方网站】https://www.iafastro.org/

(三)化学

1. 国际催化学会理事会

【英文全称和缩写】International Association of Catalysis Societies，IACS

【组织类型】国际非政府组织(INGO)

【成立时间】1956 年

【总部(或秘书处)所在地】日本东京

【宗旨】旨在促进国际催化科学家之间的学术交流，推动世界催化科学与技术的发展。

【组织架构】设理事会、执行委员会

【会员类型】机构

【会员机构】来自以下 32 个国家的催化学会：*亚洲*：中、印、日、韩；*欧洲*：奥、比、保、捷、丹、芬、法、德、匈、意、荷、挪、波、葡、俄、斯、西、瑞典、英；*非洲*：南非；*大洋洲*：澳；*北美洲*：加、墨、美；*南美洲*：阿根、巴西、智、委

【现任主席】2020－2024 年：Gabriele Centi(意)

【系列学术会议】4 年举办一次国际催化大会(International Congress on Catalysis)，2012 年在德国慕尼黑举办，2016 年在中国北京举办。

【授予奖项】国际催化奖(International Catalysis Award)：表彰和鼓励年轻人在催化领域做出的个人贡献；海因茨·海纳曼奖(Heinz Heinemann Award)：表彰在过去 8～10 年中对催化科学和技术做出重大贡献的个人或团体。

【与中国的关系】中国科学院大连化学物理研究所李灿院士曾于 2004 年获得 IACS 国际催化奖，曾于 2008～2012 年担任 IACS 理事会主席。中国科学院大连化学物理研究所张涛院士、北京大学刘海超教授现任 IACS 理事会理事。2016 年，在中国北京举办了第十六届国际催化大会。

【官方网站】http://www.iacs-catalysis.org/index.html

2. 国际纯粹与应用化学联合会

【英文全称和缩写】International Union of Pure and Applied Chemistry，IUPAC

【组织类型】国际非政府组织（INGO）

【成立时间】1919 年

【总部（或秘书处）所在地】瑞士苏黎世

【宗旨】促进会员国化学家之间的持续合作，与化学领域的其他国际组织合作，为促进纯粹与应用化学的发展做出贡献。

【组织架构】由理事长领导，下设会员代表大会、理事会、常务委员会。理事会领导 8 个专业分部：物理和生物物理化学部（Physical and Biophysical Chemistry Division）、无机化学部（Inorganic Chemistry Division）、有机与生物分子化学分部（Organic and Biomolecular Chemistry Division）、聚合物部（Polymer Division）、分析化学部（Analytical Chemistry Division）、化学与环境部（Chemistry and the Environment Division）、化学与人类健康部（Chemistry and Human Health Division）、化学命名与结构表征部（Chemical Nomenclature and Structure Representation）。

【会员类型】机构

【会员机构】50 个机构，来自以下国家：*亚洲*：韩、马、泰、中、新、斯里、约、土、印、日、孟、尼、科、以、泰；*欧洲*：爱、希、法、葡、英、塞尔、丹、奥、西、斯洛、比、瑞士、捷、挪、荷、波、俄、芬、德、意、瑞典、克；*非洲*：塞内、南非、尼日、肯；*大洋洲*：新西、澳；*北美洲*：哥斯、牙、加、美、波多黎各；*南美洲*：智

【现任主席】2022－2023 年：Javier García-Martínez（西）

【现任副主席】2022－2023 年：Ehud Keinan（以）

【近十年主席】2010－2011 年：Nicole J. Moreau（法）；2012－2013 年：巽和行（日）；2014－2015 年：Mark C. Cesa（美）；2016－2017 年：Natalia Tarasova（俄）；2018－2019 年：周其凤（中）；2020－2021 年：Christopher M.A. Brett（葡）

【出版物】《纯粹与应用化学》（Pure and Applied Chemistry）、《国际化学》（Chemistry International）、《国际化学教师》（Chemistry Teacher International）、《大分子研讨会文集》（Macromolecular Symposia）

【系列学术会议】每两年召开一次会员全体代表大会和国际学术大会，规模 1000 人左右。

【授予奖项】IUPAC-苏威国际青年化学家奖（IUPAC-SOLVAY International Award for Young Chemists）：鼓励处于职业生涯早期的杰出青年科学家，每年颁发一次；IUPAC 化学或化工杰出女性奖（IUPAC Distinguished Women in

Chemistry or Chemical Engineering)：表彰杰出女性化学家、化学工程师，两年颁发一次；绿色化学奖（CHEMRAWN VII Prize for Green Chemistry）：表彰发展中国家对大气和绿色化学研究做出杰出贡献的 45 岁以下的青年科研人员，两年颁发一次；IUPAC-吉瑞药物化学奖（IUPAC-Richter Prize in Medicinal Chemistry）：表彰对药物化学领域做出重要贡献的科学家，两年颁发一次；IUPAC-泰雷兹纳诺流动化学奖（IUPAC-ThalesNano Prize in Flow Chemistry）：表彰对流动化学领域做出杰出贡献的科学家，两年颁发一次；IUPAC 国际作物保护化学协调方法进步奖（IUPAC International Award for Advances in Harmonized Approaches to Crop Protection Chemistry）：表彰对作物保护化学规范的国际协调做出杰出贡献的个人，3 年颁发一次；蒂墨-IUPAC 奖（Thieme-IUPAC Prize）：表彰在合成有机领域做出杰出贡献的 40 岁以下科学家，两年颁发一次；IUPAC 聚合物国际奖（Polymer International- IUPAC Award）：表彰在应用聚合物领域做出杰出贡献的青年科研人员，两年颁发一次；韩华道达尔 IUPAC 青年科学家奖（Hanwha-Total IUPAC Young Scientist Award）：表彰 40 岁以下的杰出高分子化学家，两年颁发一次；分析化学奖（Analytical Chemistry Awards）：奖励分析化学领域的青年科学家和对分析化学的医学应用做出杰出贡献的个人；弗兰佐西尼奖（Franzosini Award）：表彰在溶解度数据项目中做出杰出贡献的青年科研人员，两年颁发一次；IUPAC-浙江新和成国际绿色化学进步奖（IUPAC-Zhejiang NHU International Award for Advancements in Green Chemistry）：由 IUPAC 与浙江新和成股份有限公司于 2019 年共同设立，表彰对绿色化学做出杰出贡献的青年科学家，每年颁发一次；费斯阿格罗斯-UNESCO-IUPAC 绿色化学研究资助项目（PhosAgro/UNESCO/ IUPAC Research Grants in Green Chemistry）：为绿色化学、生物化学、地球化学、生物技术、生态学、医疗保健等相关领域的青年科学家提供研究机会，每年颁发一次。

【经费来源】会员会费

【与中国的关系】中国科学院化学所周其凤院士曾任 IUPAC 副主席（2016－2017 年）和主席（2018－2019 年）。1993 年 8 月，第 34 届 IUPAC 学术大会在北京举办。2005 年 8 月，第 40 届 IUPAC 学术大会在北京举办，第 43 届 IUPAC 全体代表大会和世界化学界领导人会议（World Chemistry Leadership Meeting）同期召开。2017 年 5 月，IUPAC 国际分析科学大会（IUPAC International Congress on Analytical Sciences）在海口举办。

【官方网站】https://iupac.org/

3．国际蛋白质水解学会

【英文全称和缩写】International Proteolysis Society，IPS

【组织类型】国际非政府组织（INGO）

【成立时间】1999 年

【总部（或秘书处）所在地】美国底特律

【宗旨】致力于推动蛋白水解研究，鼓励相关交流，资助相关培训，组织相关会议，协调相关产学合作。

【组织架构】设执行委员会

【会员类型】个人

【现任主席】2019 年至今：Anthony O'Donoghue（美）

【现任副主席】2019 年至今：Ruth Geiss-Friedlander（德）

【近十年主席】2011－2013 年：Boris Turk（瑞典）；2013－2015 年：Bob Lazarus（美）；2015－2017 年：Thomas Reinheckel（德）；2017－2019 年：Ulrich auf dem Keller（丹）

【系列学术会议】每两年举办一次国际蛋白质水解学会大会（General Meeting of the International Proteolysis Society）。

【经费来源】会员会费；赞助商赞助，赞助商分为白金赞助商（Platinum Sponsors）、黄金赞助商（Gold Sponsors）、白银赞助商（Silver Sponsors）三类。

【官方网站】https://www.protease.org/index.html

4．国际电化学学会

【英文全称和缩写】International Society of Electrochemistry，ISE

【组织类型】国际非政府组织（INGO）

【成立时间】1949 年

【总部（或秘书处）所在地】瑞士洛桑

【宗旨】促进电化学科学与技术的发展和知识普及，促进电化学领域的国际合作，维持会员的高专业水准。

【组织架构】设执行委员会和 7 个分部，分别为：分析电化学部（Division 1：Analytical Electrochemistry）、生物电化学部（Division 2：Bioelectrochemistry）、电化学能量转换与储能部（Division 3：Electrochemical Energy Conversion and Storage）、电化学材料科学部（Division 4：Electrochemical Materials Science）、电化学过程工程与技术部（Division 5：Electrochemical Process Engineering and

Technology)、分子电化学部(Division 6：Molecular Electrochemistry)、物理电化学部(Division 7：Physical Electrochemistry)。

【会员类型】机构、个人

【会员机构】16 个机构，来自以下国家：*亚洲*：中、日、韩；*欧洲*：法、德、意、英；*北美洲*：美；*南美洲*：哥伦、巴西

【现任主席】2023-2024 年：Katharina Krischer(德)

【现任副主席】2021-2023 年：Andrea Russell(英)；2021-2023 年：Takayuki Homma(日)；2022-2024 年：Elena Ferapontova(丹)；2023-2025 年：Shelley Minteer(美)

【近十年主席】2011-2012 年：Mark Orazem(美)；2013-2014 年：Hasuck Kim (韩)；2015-2016 年：Christian Amatore(法)；2017-2018 年：Philip N. Bartlett(英)；2019-2020 年：田中群(中)；2021-2022 年：Marc T.M. Koper(荷)

【出版物】《电化学学报》(Electrochimica Acta)、《生物电化学》(Bioelectrochemistry)、《电分析化学杂志》(Journal of Electroanalytical Chemistry)、《电源杂志》(Journal of Power Sources)

【系列学术会议】每年举办一次国际电化学学会年会(Annual Meeting of the International Society of Electrochemistry)，每年举办两次专题会议(Topical Meetings of the International Society of Electrochemistry)。

【授予奖项】ISE 第一分部分析电化学早期职业奖(Early Career Analytical Electrochemistry Prize of ISE Division 1)：表彰在分析电化学领域取得成果的 35 岁以下青年学者，每年颁发一次；ISE 第二分部生物电化学奖(Bioelectrochemistry Prize of ISE Division 2)：表彰在生物电化学领域做出重要贡献的科学家，两年颁发一次；ISE 电化学材料科学奖(ISE Prize for Electrochemical Materials Science)：表彰在电化学材料科学领域做出杰出贡献的青年学者，每年颁发一次；青年作者奖(Young Author Prize)：表彰在 ISE 主办的期刊和学术会议上发表优秀论文的 30 岁以下青年学者，每年颁发一次；电化学学报金质奖章(Electrochimica Acta Gold Medal)：表彰对电化学做出重大贡献的个人，两年颁发一次；电化学学报和 ISE 青年电化学家差旅奖(Electrochimica Acta and ISE Travel Awards for Young Electrochemists)：旨在鼓励取得博士学位不满 6 年的青年化学家参加 ISE 年度会议；ISE-爱思唯尔实验电化学奖(ISE-Elsevier Prize for Experimental Electrochemistry)：表彰对实验电化学做出重要贡献的个人，每年颁发一次；ISE- 爱思唯尔绿色电化学奖(ISE-Elsevier Prize for Green Electrochemistry)：表彰在电化学领域产出最新应用型成果的 35 岁以下青年学

者，每年颁发一次；ISE-爱思唯尔应用电化学奖(ISE-Elsevier Prize for Applied Electrochemistry)：表彰在应用电化学领域取得成果的 35 岁以下青年学者，每年颁发一次；弗鲁姆金纪念奖章(Frumkin Memorial Medal)：表彰在基础电化学领域做出杰出贡献的个人，两年颁发一次；布莱恩·康威物理电化学奖(Brian Conway Prize for Physical Electrochemistry)：表彰在物理电化学领域中最成功的成果，两年颁发一次；亚历山大·库兹涅佐夫理论电化学奖(Alexander Kuznetsov Prize for Theoretical Electrochemistr)：表彰对电化学现象理论做出开创性贡献的个人，两年颁发一次；雅罗斯拉夫·海洛夫斯基分子电化学奖(Jaroslav Heyrovsky Prize for Molecular Electrochemistry)：表彰过去 5 年中对分子电化学领域做出重要贡献的科学家，每年颁发一次；田岛奖(Tajima Prize)：表彰 40 岁以下电化学家做出的贡献，每年颁发一次；仁木胜美生物电化学奖(Katsumi Niki Prize for Bioelectrochemistry)：表彰在生物电化学领域做出重要贡献的科学家，两年颁发一次；田昭武能源电化学奖(Zhaowu Tian Prize for Energy Electrochemistry)：表彰在能源电化学领域取得成果的 40 岁以下青年学者，每年颁发一次。

【经费来源】会员会费

【与中国的关系】2004 年，ISE 于中国厦门举办第二届春季会议。2009 年，ISE 于中国北京举办第 60 届年度会议。2014 年，第 14 届 ISE 专题会议在中国南京举办。厦门大学田昭武院士曾于 1996 年当选 ISE 副主席，ISE 于 2017 年设立了田昭武能源电化学奖。厦门大学田中群院士曾于 2019－2020 年担任 ISE 主席。

【官方网站】https://www.ise-online.org/

5. 国际热分析及量热学联合会

【英文全称和缩写】International Confederation for Thermal Analysis and Calorimetry，ICTAC

【组织类型】国际非政府组织(INGO)

【成立时间】1965 年

【总部(或秘书处)所在地】法国马赛

【宗旨】旨在促进热分析和量热学方面的国际研究与合作。

【组织架构】下设理事会、执行委员会、科学委员会、咨询委员会、科学奖委员会、大会组委会

【会员类型】机构、个人(约 500 人)

【会员机构】来自北美洲、斯堪的纳维亚半岛和以下国家：*亚洲*：中、印、以、日；*欧洲*：保、克、捷、芬、法、德、希、匈、意、荷、摩尔、波、罗、俄、斯、西、瑞士、英；*非洲*：南非；*南美洲*：巴西。

【现任主席】Nobuyoshi Koga（日）

【现任副主席】Jiri Malek（捷）

【系列学术会议】每 4 年举办一次国际热分析及量热学大会（International Congress on Thermal Analysis and Calorimetry），2012 年在日本大阪举办，2016 年在美国奥兰多举办，2021 年在线上举办。

【授予奖项】美国热分析仪器公司-ICTAC 奖（TA Instruments-ICTAC Award）：表彰对热分析科学做出杰出贡献、对热分析专业表现出显著领导力的个人；法国塞塔拉姆公司-ICTAC 量热学奖（SETARAM-ICTAC Award for Calorimetry）：表彰对量热学做出杰出贡献的个人；青年科学家奖（Young Scientist Award）：表彰热分析或量热学领域 35 岁以下的杰出青年科学家；终身荣誉会员（Honorary Lifetime Membership）：表彰为 ICTAC 提供卓越和持续服务的会员；杰出服务奖（Distinguished Service Awards）：表彰为 ICTAC 提供杰出服务的会员。以上奖项均为 4 年颁发一次。

【经费来源】会员会费

【与中国的关系】1992 年，中国化学会正式加入 ICTAC。河南师范大学白光月教授现担任 ICTAC 理事会中国代表。清华大学尉志武教授现担任 ICTAC 科学评奖委员会委员。

【官方网站】http://www.ictac.org/

6. 国际吸附学会

【英文全称和缩写】The International Adsorption Society，IAS

【组织类型】国际非政府组织（INGO）

【总部（或秘书处）所在地】秘书处不固定，现位于美国国家标准与技术研究院

【宗旨】致力推动吸附在基本分子热力学、工业分离工艺设计、纳米技术等领域的应用开发。

【组织架构】设理事会

【会员类型】个人

【现任主席】2022－2025 年：Paul Webley（澳）

【现任副主席】2022－2025 年：Christopher Jones（美）

【近十年主席】2010－2013 年：Marco Mazzotti（瑞士）；2013－2016 年：

Minoru Miyahara（日）；2016－2019 年：Peter A. Monson（美）；2019－2022 年：Andreas Seidel- Morgenstern（德）

【出版物】《吸附》（Adsorption）

【系列学术会议】每年举办一次国际吸附基础会议（International Conference on the Fundamentals of Adsorption）。

【授予奖项】卓越博士论文奖（IAS Award for Excellence in the PhD Dissertation）：表彰杰出的博士论文，每年颁发一次；青年会员卓越出版奖（IAS Award for Excellence in Publications by a Young Member of the Society）：表彰出版了杰出学术专著的青年科学家，3 年颁发一次。

【官方网站】https://www.int-ads-soc.org/

7. 国际杂环化学学会

【英文全称和缩写】The International Society of Heterocyclic Chemistry，ISHC

【组织类型】国际非政府组织（INGO）

【成立时间】1968 年

【总部（或秘书处）所在地】美国新墨西哥州阿尔伯克基市

【宗旨】致力于推动杂环化学的发展，为相关学术交流会议的举办提供资助，并设置专门奖项用于鼓励在该领域做出杰出贡献的研究者。

【组织架构】设执行委员会

【会员类型】个人，来自 14 个国家和地区，约 530 人

【现任主席】2022－2023 年：Teresa Pinho e Melo（葡）；Artur Silva（葡）

【近十年主席】2010－2011 年：Richard Taylor（英）；2012－2013 年：马大为（中）；2014－2015 年：Daniel Comins（美）；2016－2017 年：Oliver Reiser（德）；2018－2019 年：Masayuki Inoue（日）；2020－2021 年：Chris Vanderwal（美）

【出版物】《杂环化学进展》（Progress in Heterocyclic Chemistry）

【系列学术会议】两年举办一次国际杂环化学学会大会，规模约为 1000 人。

【授予奖项】泰勒高级奖（E.C. Taylor Senior Awards）、ISHC 杂环化学高级奖（ISHC Senior Awards in Heterocyclic Chemistry）、卡特利斯基初级奖（A.R. Katritzky Junior Awards）、ISHC 工业奖（ISHC Industrial Award），以上奖项均为两年颁发一次。

【经费来源】会员会费、赞助商赞助

【与中国的关系】1995 年 8 月，第 15 届 ISHC 大会在中国台北举办。2013年 9 月，第 24 届 ISHC 大会在中国上海举办。中国科学院上海有机化学研究所马大为院士曾于 2012－2013 年担任 ISHC 主席、中国科学院上海有机化学研究所俞飚院士曾于 2013－2014 年担任 ISHC 副主席。

【官方网站】https://ishc.wp.st-andrews.ac.uk/

8. 世界腐蚀组织

【英文全称和缩写】The World Corrosion Organization，WCO

【组织类型】国际非政府组织（INGO）

【成立时间】2006 年

【总部（或秘书处）所在地】美国纽约

【宗旨】致力于推动和促进腐蚀控制的教育和实践，为取得社会效益与经济效益、节约资源、保护环境作贡献。

【主要活动】制定和发布《腐蚀手册》（Corrosion Handbook），汇集了重要的金属、非金属、有机物材料的耐腐蚀化学性质相关数据。2009 年，WCO 将每年的 4 月 24 日设定为世界腐蚀日（Corrosion Awareness Day），许多国家每年都在世界腐蚀日举办相关科普活动。

【组织架构】设执行委员会

【会员类型】机构

【会员机构】27 个机构，来自以下国家：*亚洲*：中、以、新、韩、日、土；*欧洲*：奥、捷、荷、法、克、德、匈、英、瑞典、波、西、葡；*非洲*：南非；*北美洲*：美

【现任主席】2022 年至今：Gareth Hinds（英）

【近十年主席】2010－2013 年：Wayne Burns（澳）；2013－2016 年：Amir Eliezer（以）；2016－2019 年：韩恩厚（中）；2019－2022 年：Damien Féron（法）

【授予奖项】世界腐蚀成就奖（Corrosion Awareness Honour）：由 WCO 发起，与欧洲腐蚀联盟、中国腐蚀与防护学会联合举办，授予具有重大影响力，显著提高了政府、科技界、工业界和公众对腐蚀及防腐重要性的认知，并在腐蚀控制领域做出杰出贡献的科学家。

【经费来源】会费

【与中国的关系】中国腐蚀与防护学会是 WCO 的创始会员之一，中国科学院金属研究所也是 WCO 的机构会员。WCO 设有中国办公室，位于辽宁省沈阳市的中国科学院金属研究所，负责人为韩恩厚研究员。韩恩厚研究员曾于 2007－2010

年、2013－2016 年两次担任 WCO 副主席，于 2016－2019 年担任 WCO 主席。2021 年，中国科学院海洋研究所研究员、中国工程院院士侯保荣获 WCO 颁发的首届世界腐蚀成就奖。2020 年 11 月，WCO "低碳能源（可再生能源、核能和碳捕获）中的腐蚀问题和解决方案" 研讨会在中国广州举办。

【官方网站】https://corrosion.org/，中国办公室官方网站为 http://www.corrosion.org.cn/portal/page/index/id/75.html

9. 世界理论与计算化学家协会

【英文全称和缩写】World Association of Theoretical and Computational Chemists，WATOC（为其前身 "世界理论有机化学家协会"（World Association of Theoretical Organic Chemists）的缩写）

【组织类型】国际非政府组织（INGO）

【成立时间】1982 年

【总部（或秘书处）所在地】英国伦敦

【宗旨】旨在促进理论与计算化学研究，并促进全世界从事该领域工作的科学家之间的互动。

【组织架构】设执行委员会

【会员类型】个人，来自 43 个国家或地区，约 360 人

【现任主席】2017 年至今：Peter M. W. Gill（澳）

【现任副主席】2017 年至今：Martin Head-Gordon（美）

【近十年主席】2011－2017 年：Walter Thiel（德）

【系列学术会议】3 年召开一次 WATOC 大会（WATOC Congress），2014 年 10 月，在智利圣地亚哥召开，规模约 800 人；2017 年 8 月，在德国慕尼黑召开，规模约 1520 人；2020 年 7 月在加拿大温哥华召开，规模约 930 人。

【授予奖项】狄拉克奖章（Dirac Medal）：表彰 40 岁以下的杰出青年理论与计算化学家，每年颁发一次；薛定谔奖章（Schrödinger Medal）：表彰资深的理论与计算化学家，每年颁发一次。

【经费来源】会费

【与中国的关系】南京大学江元生院士曾于 1984 年当选 WATOC 特别理事。北京大学吴云东院士曾于 1999 年当选 WATOC 理事会理事。2014 年 5 月，WATOC 理论与计算化学前沿国际研讨会在中国深圳召开。

【官方网站】https://watoc.net/

（四）地学

1. 国际冰冻圈科学协会

【英文全称和缩写】International Association of Cryospheric Sciences，IACS

【组织类型】国际非政府组织（INGO）

【成立时间】2007 年

【总部（或秘书处）所在地】秘书处不固定，现位于英国

【宗旨】促进地球和太阳系冰冻圈科学的发展。

【组织架构】设 6 个专业领域的部门（Division），分别是：雪和雪崩部（Snow and Avalanches）；冰川部（Glaciers）；冰盖部（Ice sheets）；海冰、湖冰、河冰部（Sea Ice，Lake and River Ice）；冰冻圈、大气和气候部（Cryosphere，Atmosphere and Climate）；太阳系的行星冰和其他冰部（Planetary and other Ices of the Solar System）。

【会员类型】个人，约 960 人

【现任主席】2021－2025 年：Liss M. Andreassen（挪）

【现任副主席】2019－2023 年：丁明虎（中）；Stanislav Kutuzov（俄）；Andrew Mackintosh（澳）

【近十年主席】2011－2015 年：Charles Fierz（瑞士）；2015－2023 年：Regine Hock（美）

【系列学术会议】两年举行一次 IACS 科学大会（IACS Scientific Assemblies），2017 年在新西兰举行，2019 年在加拿大蒙特利尔举行。

【对外资助计划】设有差旅补助金（Travel Grants），支持科学家参加 IACS 大会和科学大会（IACS General and Scientific Assemblies）。

【授予奖项】早期职业生涯科学家奖（Early Career Scientist Prize）：表彰获得博士学位不满两年的青年科学家发表的杰出科学论文，两年颁发一次；格雷厄姆·科格利奖（Graham Cogley Award）：表彰在两年一次的 IACS 科学大会上发表了优秀演讲和报告的学生，每年颁发一次。

【经费来源】会费

【与中国的关系】北京师范大学效存德教授曾于 2011－2019 年担任 IACS 副主席。中国气象科学院青藏高原与极地气象科学研究所研究员丁明虎曾于 2019－2023 年担任 IACS 副主席。2008 年 3 月，IUGG/IACS（国际大地测量学

与地球物理学联合会/国际冰冻圈科学协会)中国国家委员会正式成立,由来自中国科学院、高校、中国气象局等 18 个科研单位的专家组成。2017 年 8 月,IACS 冰冻圈变化与可持续发展国际研讨会在中国兰州召开。2018 年 7 月,IACS 国际冰冻圈变化及其区域和全球影响研讨会在中国敦煌召开。

【官方网站】https://cryosphericsciences.org/

2. 国际大地测量学与地球物理学联合会

【英文全称和缩写】International Union of Geodesy and Geophysics,IUGG

【组织类型】国际非政府组织(INGO)

【成立时间】1919 年

【总部(或秘书处)所在地】秘书处位于德国波茨坦

【宗旨】致力于促进有关地球系统及引起其空间环境变化动力学过程的知识交流,推动地球物理、化学、数学、空间、环境等相关科学的研究。

【组织架构】设全体大会、8 个专业协会,分别为:国际冰冻圈科学协会(IACS)、国际大地测量协会(IAG)、国际地磁与气象学协会(IAGA)、国际水文科学协会(IAHS)、国际气象学和大气科学协会(IAMAS)、国际海洋物理科学协会(IAPSO)、国际地震学与地球内部物理学协会(IASPEI)、国际火山学与地球内部化学协会(IAVCEI)。

【会员类型】国家

【会员国】*亚洲*:阿塞、中、印、印尼、伊朗、以、日、约、韩、巴、沙特、泰、土、越、亚、格;*欧洲*:比、保、克、捷、丹、爱沙、芬、法、德、希、匈、冰、爱、意、卢、荷、挪、波、葡、罗、俄、斯、斯洛、西、瑞典、瑞士、乌克兰、英、阿、波黑、拉、北、塞尔;*非洲*:阿尔、埃、尼日、南非、乌干、刚果(布)、加纳、毛求、摩;*大洋洲*:澳、新西;*北美洲*:加、哥斯、墨、美、尼加;*南美洲*:阿根、巴西、智、哥伦、玻、秘、乌

【现任主席】2019－2023 年:Kathryn Whaler(英)

【近十年主席】2007－2011 年:T. Beer(澳);2011－2015 年:H. Gupta(印);2015－2019 年:M. Sideris(加)

【出版物】《IUGG 年报》(IUGG Annual Reports)

【系列学术会议】每 4 年召开一次全体大会(General Assembly)

【对外资助计划】目前由 IUGG 发起或资助的项目和计划包括:国际岩石圈计划(International Lithosphere Program)、全球大地测量观测系统(Global Geodetic Observing System)、世界气候研究计划(World Climate Research

Programme)、灾害风险综合研究计划(Integrated Research on Disaster Risk)、国际全球理解年(International Year of Global Understanding)、行星地球数学(Mathematics of Planet Earth)、世界数据系统(World Data System)。

【授予奖项】金质奖章(Gold Medal):是 IUGG 的最高荣誉,表彰在地球与空间、大地测量、地球物理领域做出杰出贡献的个人;荣誉会员(Honorary Membership):表彰对大地测量学、地理学、地球与空间科学的国际合作做出杰出贡献的个人;职业生涯早期科学家奖(Early Career Scientist Award):表彰在地球与空间科学领域取得卓越研究成果的、处于职业生涯早期的科学家。以上奖项均为 4 年颁发一次。

【经费来源】来自各会员国交纳的会费和联合国教育、科学及文化组织。

【与中国的关系】2008 年 7 月,在昆明召开 IUGG 地球深部研究研讨会;2009 年 7 月,在北京召开 IUGG 地震学与地震可预测性专题研讨会;2010 年 8 月,在云南丽江召开 IUGG 冰冻圈的变化及其影响研讨会;2012 年 8 月,在昆明召开 IUGG 高影响天气与气候事件的动态性与可预测性研讨会;2018 年 5 月,在合肥召开 IUGG 大气长期变化与趋势研讨会;2018 年 5 月,在成都召开 IUGG 第 12 届亚洲地震学委员会科学大会。武汉大学夏军院士于 2019 年当选 IUGG 会士。

【官方网站】http://www.iugg.org

3. 国际地层委员会

【英文全称和缩写】International Commission on Stratigraphy,ICS
【组织类型】国际非政府组织(INGO)
【成立时间】1974 年
【总部(或秘书处)所在地】秘书处不固定,现位于英国剑桥大学
【宗旨】作为国际地质科学联合会(IUGS)的下属组织,致力于精确定义国际年代地层图的单位,制定地球历史的基本尺度全球标准。

【组织架构】设 17 个学科分会(Subcommissions),分别为:前寒武纪地层学分会(Precryogenian Stratigraphy)、成冰纪地层学分会(Cryogenian Stratigraphy)、埃迪卡拉纪地层分会(Ediacaran Stratigraphy)、寒武纪地层分会(Cambrian Stratigraphy)、奥陶纪地层分会(Ordovician Stratigraphy)、志留纪地层分会(Silurian Stratigraphy)、泥盆纪地层分会(Devonian Stratigraphy)、石炭纪地层分会(Carboniferous Stratigraphy)、二叠纪地层分会(Permian Stratigraphy)、三叠纪地层分会(Triassic Stratigraphy)、侏罗纪地层分会(Jurassic Stratigraphy)、白垩纪地层分会(Cretaceous Stratigraphy)、古近纪地层分会(Paleogene

Stratigraphy)、新近纪地层分会(Neogene Stratigraphy)、第四纪地层分会(Quaternary Stratigraphy)、地层分类分会(Stratigraphic Classification)、时标校准分会(Timescale Calibration)

【会员类型】机构，约 400 个机构会员

【现任主席】2016 年至今：David A. T. Harper(英)

【现任副主席】2019 年至今：沈树忠(中)

【近十年主席】2012－2016 年：Stanley Finney(美)

【出版物】《地质幕》(Episodes)、《化石世界》(Lethaia)、《地层学通讯》(Newsletters on Stratigraphy)、《国际地层指南》(International Stratigraphic Guide)

【系列学术会议】与 IUGS 一起 4 年举办一次国际地质大会(International Geological Congress)。

【授予奖项】迪格比·麦克拉伦金奖(Digby McLaren Medal)：表彰在地层研究中做出突出贡献的个人，每 4 年颁发一次；ICS 奖章(ICS Medal)：表彰在推进地层学知识方面取得的重大成就，每 4 年颁发一次。

【经费来源】由国际地质科学联合会(IUGS)资助

【与中国的关系】中国地质大学(武汉)陈中强教授曾担任 ICS 三叠纪地层分会主席；中国科学院南京地质古生物研究所詹仁斌研究员曾担任 ICS 奥陶纪地层分会副主席；中国科学院南京地质古生物研究所王向东研究员于 2008 年当选 ICS 石炭纪地层分会副主席；北京大学周力平教授于 2011 年当任 ICS 第四纪地层分会副主席；中国科学院南京地质古生物研究所张以春研究员于 2016 年当选 ICS 二叠纪地层分会秘书长；南京大学沈树忠教授于 2019 年当选 ICS 副主席，并荣获 ICS 奖章；中国科学院南京地质古生物研究所朱茂炎研究员于 2020 年当选 ICS 成冰纪地层学分会主席、寒武纪地层分会副主席。

【官方网站】https://stratigraphy.org/

4. 国际地理联合会

【英文全称和缩写】International Geographical Union，IGU

【组织类型】国际非政府组织(INGO)

【成立时间】1922 年

【总部(或秘书处)所在地】秘书处不固定，现位于土耳其伊斯坦布尔

【宗旨】是世界上最大、最权威的地理学术团体，致力于在世界范围内发起和协调地理研究和教学，推动地理学科的发展。

【组织架构】设执行委员会、40 余个专业委员会、3 个工作组。

【会员类型】机构

【会员机构】来自以下国家：*亚洲*：亚、阿塞、孟、中、格、印、印尼、伊朗、以、日、哈、韩、科、吉、马、蒙、缅、巴、菲、沙特、新、斯里、阿曼、泰、土、越；*欧洲*：阿、奥、白、比、保、克、塞、捷、丹、爱沙、芬、法、德、希、匈、冰、爱、意、拉、立、卢、北、荷、挪、波、葡、罗、俄、塞尔、斯、斯洛、西、瑞典、瑞士、乌克兰、英；*非洲*：阿尔、贝、布、喀、佛、中非、乍、科摩罗、刚果（布）、埃、加纳、科特、肯、莱、马达、毛里塔、摩、莫、纳、尼日尔、尼日、南非、坦桑、多、突、乌干、津；*大洋洲*：澳、新西、巴新、萨摩亚；*北美洲*：加、哥斯、古、多米尼加、墨、美；*南美洲*：阿根、玻、巴西、智、哥伦、厄、秘、委

【现任主席】2018－2024 年：Michael Meadows（南非）

【现任副主席】2018－2024 年：Nathalie Lemarchand（法）；Holly Barcus（美）；Rubén Camilo Lois González（西）；傅伯杰（中）；Céline Rozenblat（瑞士）；Maria Paradiso（意）；Phil McManus（澳）；Yazidhi Bamutaze（乌干）

【近十年主席】2008－2012 年：Ronald Abler（美）；2012－2016 年：Vladimir Kolosov（俄）；2016－2018 年：Yukio Himiyama（日）

【出版物】《IGU 通讯》（IGU Bulletin）、《地理与环境科学进展》（Advances in Geographical and Environmental Sciences）、《地理学与可持续性》（Geography and Sustainability）

【系列学术会议】4 年召开一次国际地理大会，是国际地理学界影响最大、水平最高的盛会。

【授予奖项】IGU 荣誉勋章（IGU Lauréat d'Honneur）：授予对 IGU 的工作或国际地理与环境研究做出杰出贡献的个人，一般 4 年颁发一次，也有 1～2 年颁发的例外情况；IGU 星球与人类奖章（IGU Planet and Humanity Medal）：授予对环境领域做出杰出贡献的个人研究者，时间不定，2～4 年颁发一次。

【经费来源】会员会费、捐款、学术会议注册费、出版物销售收入

【与中国的关系】中国于 1949 年 4 月加入 IGU。中国科学院地理科学与资源研究所吴传钧院士曾于 1988～1996 年担任 IGU 副主席。北京师范大学刘昌明院士曾于 2000～2008 年担任 IGU 副主席。2010 年 11 月，IGU 执行委员会 2010 年秋季工作会议在北京举办。2016 年，第 33 届国际地理大会在中国举办，由中国地理学会和中国科学院地理科学与资源研究所承办，会议规模约 5000 人。2018 年 8 月，中国科学院生态环境研究中心傅伯杰院士当选 IGU 副主席。

【官方网站】https://igu-online.org

5.　国际地球化学协会

【英文全称和缩写】International Association of GeoChemistry，IAGC

【组织类型】国际非政府组织（INGO）

【成立时间】1967 年

【总部（或秘书处）所在地】法国巴黎

【宗旨】致力于在地球化学领域取得卓越成就，促进化学在地球和环境科学领域的应用。

【组织架构】设理事会和 4 个工作组，分别为：水-岩石相互作用工作组（Water-Rock Interaction Working Group）、应用同位素地球化学工作组（Applied Isotope Geochemistry Working Group）、地球表层地球化学工作组（Geochemistry of the Earth's Surface Working Group）、环境地球化学工作组（Environmental Geochemistry Working Group）。

【会员类型】个人，来自 24 个国家的约 630 人

【现任主席】2023－2025 年：François Chabaux（法）

【现任副主席】2023－2025 年：Elisa Sacchi（意）

【近十年主席】2008－2012 年：R. Harmon（美），C. Reimann（挪）；2012－2014 年：R. Wanty（美）；2014－2016 年：I. Cartwright（澳）；2017－2018 年：P. Négrel（法）；2019－2022 年：Neus Otero（西）

【出版物】《应用地球化学》（Applied Geochemistry）、《元素》（Elements）

【系列学术会议】3 年召开一次 IAGC 国际大会（IAGC International Conference），4 年召开一次地球表层地球化学国际研讨会（International Symposium on the Geochemistry of the Earth's Surface）。

【授予奖项】维纳德斯基奖章（Vernadsky Medal）：表彰在地球化学领域取得杰出成果的个人，两年颁发一次；埃贝尔蒙奖（Ebelmen Award）：奖励 35 岁以下的杰出地球化学家，两年颁发一次；哈蒙杰出服务奖（Harmon Distinguished Service Award）：表彰对 IAGC 的工作和地球化学界做出杰出贡献的志愿服务者；IAGC 会士（IAGC Fellows）：授予对地球科学做出杰出贡献的科学家，每年颁发一次，每次不超过两人；希彻恩奖（Hitchon Award）：奖励在 IAGC 主办期刊上发表的杰出论文，每年颁发一次；卡拉卡奖（Kharaka Award）：授予发展中国家的科学家，每年颁发一次；福雷奖（Faure Award）：奖励在 IAGC 主办的国际会议上发表优秀演讲的学生；认可证书（Certificates of Recognition）：表彰

在地球化学领域取得的杰出科学成就、优秀教学成绩或对国际地球化学界做出的杰出服务贡献，每年颁发一次；金景福演讲奖(Jin Jingfu Lecturer)：为纪念金景福教授而设立，旨在激励处在职业生涯早期的青年地球化学家。

【经费来源】会费；联合国教育、科学及文化组织(UNESCO)和国际地质科学联合会(IUGS)资助；社会捐助。

【与中国的关系】中国科学院地质与地球物理研究所庞忠和研究员曾于2008－2016年担任 IAGC 理事。中国地质大学郭清海教授、复旦大学王梓萌研究员分别于2010年、2020年获得埃贝尔蒙奖。中国地质大学左仁广教授、北京师范大学滕彦国教授、中国地质大学韩贵琳教授分别于2015年、2018年、2021年获得卡拉卡奖。2021年，中国地质大学王焰新院士当选 IAGC 会士。2020年，为纪念我国著名铀矿地质学家、成都理工大学已故教授金景福，IAGC 设立"金景福演讲奖"。2017年6月，第十一届地球表层地球化学国际研讨会(GES-11)在中国贵阳举办。

【官方网站】http://www.iagc-society.org/

6. 国际地质科学联合会

【英文全称和缩写】International Union of Geological Sciences，IUGS
【组织类型】国际非政府组织(INGO)
【成立时间】1961年
【总部(或秘书处)所在地】秘书处位于中国北京中国地质科学院
【宗旨】致力于促进和鼓励地质研究，特别是具有全球意义的研究，并支持与地质科学相关的跨学科研究。
【组织架构】设执行委员会、地质科学教育培训与技术转移委员会(COGE)、地质遗产委员会(ICG)、地质科学史委员会(INHIGEO)、地学信息委员会(CGI)、国际地层委员会(ICS)，以及多个专业分委员会。
【会员类型】机构
【会员机构】来自以下国家：*亚洲*：孟、中、印、伊朗、以、日、吉、马、蒙、缅、菲、韩、泰、土、乌兹、越；*欧洲*：奥、比、保、克、塞、捷、丹、爱沙、芬、法、德、希、匈、冰、爱、意、立、卢、荷、波、葡、罗、俄、塞尔、斯、斯洛、西、瑞典、瑞士、英；*非洲*：博、摩、莫、纳、南非；*大洋洲*：澳、新西；*北美洲*：加、哥斯、古、美；*南美洲*：阿根、巴西、智、哥伦
【现任主席】2020－2024年：John Ludden(英)
【现任副主席】2020－2024年：Daekyo Cheong(韩)；Hassina Mouri(南非)

【近十年主席】2008－2012 年：A.C. Riccardi(阿根)；2012－2016 年：R. Oberhänsli(德)；2016－2020 年：成秋明(中)

【出版物】《地质幕》(Episodes)

【系列学术会议】4 年召开一次国际地质大会(International Geological Congress)。第 31 届(2000 年)、第 32 届(2004 年)、第 33 届(2008 年)、第 34 届(2012 年)、第 35 届(2016 年)、第 36 届(2022 年)国际地质大会分别在巴西里约热内卢、意大利佛罗伦萨、挪威奥斯陆、澳大利亚布里斯班、南非开普敦、印度线上举行，每届规模约 4000 余人。

【对外资助计划】设有"国际地球科学计划"(International Geoscience Programme)，由 IUGS 和联合国教育、科学及文化组织(UNESCO)共同提供经费，资助地球科学国际合作研究项目。1980 年，应国际地质科学联合会(IUGS)、国际大地测量学与地球物理学联合会(IUGG)的要求，国际科学联盟理事会(ICSU)设立了"国际岩石圈计划"(International Lithosphere Program)。

【授予奖项】科学卓越奖(IUGS Scientific Awards of Excellence)：表彰地球科学领域的重要原创性成果；早期职业奖(IUGS Early Career Award)：表彰对地球科学做出重要原创性贡献、处在职业生涯早期的地质科学家；埃米尔·阿尔冈奖(Émile Argand Award)：表彰对地质科学做出具有重要影响力的原创性贡献的地质学家，4 年颁发一次；詹姆森·哈里森杰出服务奖(IUGS James M. Harrison Award for Distinguished Service)：表彰对 IUGS 做出杰出贡献的个人，4 年颁发一次；和记黄埔基金差旅奖(Hutchison Fund Travel Awards)：鼓励世界范围内的优秀青年科学家积极参加 IUGS 组织的学术会议；最佳论文奖(IUGS Episodes Best Paper Award)：奖励 IUGS 主办期刊上的年度最佳原创论文，每年颁发一次。

【经费来源】秘书处运营经费由中国政府和 IUGS 资助

【与中国的关系】中国地质大学成秋明教授于 2016－2020 年任 IUGS 主席。1996 年，第 30 届国际地质大会在北京召开。

【官方网站】https://www.iugs.org/

7. 国际第四纪研究联合会

【英文全称和缩写】International Union for Quaternary Research，INQUA

【组织类型】国际非政府组织(INGO)

【成立时间】1928 年

【总部(或秘书处)所在地】秘书处不固定，现位于匈牙利布达佩斯

【宗旨】促进在第四纪研究的实验和应用方面加强交流和国际合作,对最近地质时代的全球环境变化规模和速度评估做出贡献。

【组织架构】设 5 个专业委员会:海岸与海洋过程委员会(CMP),人类与生物圈委员会(HABCOM),古气候委员会(PALCOM),地层学与年代学委员会(SACCOM),陆地过程、沉积与历史委员会(TERPRO)。

【会员类型】国家

【会员国】*亚洲*:中、格、印、以、日、韩、土;*欧洲*:白、比、克、捷、爱沙、芬、法、德、匈、爱、意、拉、立、荷、挪、波、葡、俄、斯洛、西、瑞典、英;*非洲*:南非;*大洋洲*:澳、新西;*北美洲*:加、美;*南美洲*:阿根、巴西、哥伦

【现任主席】2020 年至今:Thijs Van Kolfschoten(荷)

【现任副主席】2020 年至今:郭正堂(中);Laura Sadori(意);Lynne Quick(南非);Maria Fernanda Sanchez Goni(法)

【近十年主席】2016－2020 年:Allan Ashworth(美)

【出版物】《国际第四纪》(Quaternary International)、《第四纪观点》(Quaternary Perspectives)

【系列学术会议】4 年召开一届 INQUA 大会(INQUA Congress)。第 19 届 INQUA 大会于 2015 年在日本名古屋召开,会议规模约 1800 人,第 20 届 INQUA 大会于 2019 年在爱尔兰都柏林召开。

【对外资助计划】设置 3 类资助项目,分别资助 1 年到多年不等的研究项目、学术交流会议、人才培养。

【授予奖项】沙克尔顿奖章(Shackleton Medal):表彰杰出的青年科学家,两年颁发一次;刘东生奖章(Liu Tungsheng Medal):表彰对 INQUA 和国际第四纪研究做出杰出贡献的个人,4 年颁发一次。

【经费来源】会费

【与中国的关系】1991 年,第 13 届 INQUA 大会在北京举行,这是 INQUA 自成立以来首次在亚洲举办的大会,中国科学院地质与地球物理研究所刘东生院士在该大会上当选为 INQUA 主席。1999 年,在南非举办的第 15 届 INQUA 大会上,中国科学院安芷生院士当选为 INQUA 副主席。2011 年,在瑞士召开的第 18 届 INQUA 大会上,INQUA 为表彰刘东生对国际第四纪科学研究事业做出的杰出贡献,决定设立刘东生奖章(Liu Tungsheng Medal),以表彰全世界在第四纪研究领域有重大贡献的科学家。中国科学院地质与地球物理研究所郭正堂研究员从 2020 年开始担任 INQUA 副主席。

【官方网站】https://www.inqua.org/

8. 国际海洋勘探理事会

【英文全称和缩写】International Council for the Exploration of the Sea，ICES

【组织类型】国际非政府组织（INGO）

【成立时间】1902 年

【总部（或秘书处）所在地】丹麦哥本哈根

【宗旨】加快传播与海洋生态系统相关的科学知识，利用知识保护和管理海洋，满足海洋可持续发展的需要。

【组织架构】设咨询委员会、科学委员会、数据和信息小组、秘书处。科学委员会下设 7 个专家组，分别为：水产养殖指导组（Aquaculture Steering Group），数据科学与技术指导组（Data Science and Technology Steering Group），生态系统过程与动力学指导组（Ecosystem Processes and Dynamics Steering Group），渔业资源指导组（Fisheries Resources Steering Group），人类活动、压力与影响指导组（Human Activities，Pressures and Impacts Steering Group），综合生态系统评估指导组（Integrated Ecosystem Assessments Steering Group），生态系统观测指导组（Ecosystem Observation Steering Group）。

【会员类型】机构

【会员机构】来自以下国家：*欧洲*：比、丹、爱沙、芬、法、德、冰、爱、拉、立、荷、挪、波、葡、俄、西、瑞典、英；*非洲*：南非；*大洋洲*：新西、澳；*北美洲*：加、美；*南美洲*：智、秘

【现任主席】2021－2024 年：William Karp（美）

【现任副主席】2021－2024 年：Carl O'Brien（英）

【近十年主席】2009－2012 年：Michael Sinclair（加）；2012－2015 年：Paul Connolly（爱）；2015－2018 年：Cornelius Hammer（德）；2018－2021 年：Fritz W. Köster（德）

【出版物】《ICES 海洋科学杂志》（ICES Journal of Marine Science）

【系列学术会议】每年举办一次国际海洋勘探理事会科学会议（ASC），2019 年在瑞典哥德堡举办了第 118 届科学会议。

【授予奖项】卓越奖（Prix d'Excellence）：表彰海洋科学领域的最高成就，以及对 ICES 发展做出的重要贡献，每 3 年颁发一次；杰出成就奖（Outstanding Achievement Award）：表彰 ICES 会员的杰出表现，每年颁发一次；优异奖（Merit Awards）：表彰最佳的研究报告和海报，每年颁发一次；服务奖（Service Awards）：

表彰离任的专家组、工作小组和科学咨询委员会主席、科学专题会议和国际学术会议召集人的成就和贡献,每年颁发一次。

【官方网站】http://www.ices.dk

9. 国际摄影测量与遥感学会

【英文全称和缩写】International Society for Photogrammetry and Remote Sensing,ISPRS

【组织类型】国际非政府组织(INGO)

【成立时间】前身为国际摄影测量学会(International Society for Photogrammetry),成立于 1910 年,1980 年更名为国际摄影测量与遥感学会。

【总部(或秘书处)所在地】德国汉诺威

【宗旨】致力于推动光学与遥感领域的国际合作、开发与应用。

【组织架构】设有 5 个专业委员会,分别是传感系统委员会、摄影测量委员会、遥感委员会、空间信息科学委员会、教育与推广委员会。

【会员类型】机构

【会员机构】92 个机构,来自以下国家:*亚洲*:阿塞、孟、文、中、印、印尼、伊朗、伊、以、日、约、韩、科、马、缅、尼、阿曼、巴、菲、卡、沙特、斯里、叙、泰、土、阿联酋、乌兹、越、蒙;*欧洲*:奥、比、保、克、塞、捷、丹、芬、法、德、希、匈、爱、意、拉、立、荷、挪、波、葡、罗、俄、斯、斯洛、西、瑞典、瑞士、乌克兰、英;*非洲*:阿尔、博、布基、喀、科特、埃、埃塞、加纳、肯、利、马拉、摩、纳、尼日、塞内、南非、坦桑、津;*大洋洲*:澳、新西;*北美洲*:加、古、萨、墨、美;*南美洲*:阿根、巴西、智、哥伦、秘、乌、委

【现任主席】2022—2026 年:Lena Halounová(捷)

【现任副主席】2022—2026 年:Nicolas Paparoditis(法)

【近十年主席】2008—2012 年:Orhan Altan(土);2012—2016 年:陈军(中);2016—2021 年:Christian Heipke(德)

【出版物】《ISPRS 摄影测量与遥感杂志》(ISPRS Journal of Photogrammetry and Remote Sensing)、《ISPRS 国际地理信息杂志》(ISPRS International Journal of Geo-Information)

【系列学术会议】4 年召开一届国际摄影测量与遥感大会(ISPRS Congress),第 22 届于 2012 年在澳大利亚墨尔本举办,第 23 届于 2016 年在捷克布拉格举办,第 24 届于 2022 年在法国尼斯举办。

【对外资助计划】ISPRS 有独立的基金会，资助个人或组织进行科学研究或参加学术会议。

【授予奖项】ISPRS 荣誉会员(ISPRS Honorary Member)：表彰对 ISPRS 做出杰出贡献的会员，每次不超过 10 个；ISPRS 会士(ISPRS Fellow)：奖励对 ISPRS 做出持久和杰出贡献的个人，每次不超过 5 名；主席荣誉奖(President's Honorary Citation)：表彰对 ISPRS 做出重要贡献的理事会成员和专业工作组负责人，4 年颁发一次；ISPRS 最佳青年作者奖(ISPRS Best Young Author Award)：奖励 35 岁以下的高质量论文第一作者或唯一作者；ISPRS 最佳海报奖(ISPRS Best Poster Award)：每个专业委员会设两个名额，表彰 ISPRS 学术会议中的优秀海报；ISPRS 计算机辅助教学竞赛奖(ISPRS CATCON Award)：奖励 ISPRS 举办的计算机辅助教学竞赛的优胜者；布罗克金质奖章(Brock Gold Medal Award)：由美国摄影测量与遥感学会资助，表彰对摄影测量、遥感、空间信息科学做出里程碑式贡献的个人；奥托·冯·格鲁贝尔奖(Otto von Gruber Award)：由荷兰大地测量与地球信息学中心资助设立，奖励在摄影测量学、遥感和影像学领域取得突出成就的 40 岁以下青年学者，每 4 年颁发一次；塞缪尔·甘布尔奖(Samuel Gamble Award)：由加拿大地理研究所资助，表彰在国家和国际层面对摄影测量学、遥感、空间信息学的发展和专业学术活动做出杰出贡献的个人，每次 3 人获奖；威廉·舍默尔霍恩奖(Willem Schermerhorn Award)：由荷兰地理信息学会资助，表彰在 ISPRS 工作组表现杰出的工作人员，4 年颁发一次；施维德夫斯基奖章(Schwidefsky Medal)：由德国摄影测量与遥感学会资助，表彰对摄影测量、遥感、空间信息科学做出重要贡献的论文作者或编辑；爱德华·多莱扎尔奖(Eduard Doležal Award)：由澳大利亚测量与地理信息学会资助，奖励发展中国家在摄影测量、遥感、地理信息系统领域取得了有效的实践性成果的个人；海拉瓦奖(U.V. Helava Award)：由荷兰 Elsevier 和瑞士 Leica Geosystems 公司资助，奖励过去 4 年间在 ISPRS 主办期刊上发表的优秀论文的作者；王之卓奖(Wang Zhizhuo Award)：由中国测绘学会资助，表彰在空间信息科学领域取得重要成果的个人，4 年颁发一次；卡尔·克劳斯奖章(Karl Kraus Medal)：由德国摄影测量、遥感与空间信息科学学会、奥地利测绘与地理信息学会、瑞士摄影测量、图像分析与遥感学会共同资助，表彰在摄影测量、遥感和空间科学领域编制出杰出教科书的作者，4 年颁发一次；弗雷德里克·J·多伊尔奖(Frederick J. Doyle Award)：表彰 50 岁以下的、在摄影测量学、遥感和空间信息科技领域取得重大成就的个人；朱塞佩·因基莱里奖(Giuseppe Inghilleri Award)：由意大利测绘与摄影测量学会资助，表彰有力推动了摄影测量、遥感和空间科学的应用的个人，每 4 年颁发一次；杰克·丹杰蒙德奖（Jack Dangermond Award）：表彰在 ISPRS 主办期刊上发表的杰出文章的作者，每 4 年颁发一次；ISPRS 学生联盟服务奖（ISPRS Student Consortium Service Award）：表彰为 ISPRS 联盟做出重要贡献的个人。

【经费来源】会员会费、其他组织或个人的捐款

【与中国的关系】2008 年，第 21 届国际摄影测量与遥感大会在中国北京举行。国家基础地理信息中心陈军院士曾于 2012－2016 年担任 ISPRS 主席，2016－2022 年担任 ISPRS 副主席。北京建筑大学蒋捷教授于 2016－2022 年担任 ISPRS 专业委员会主席，从 2022 年起担任 ISPRS 秘书长。ISPRS 设有以武汉大学王之卓院士命名的王之卓奖。

【官方网站】https://www.isprs.org/default.aspx

10. 国际数字地球学会

【英文全称和缩写】International Society for Digital Earth，ISDE

【组织类型】国际非政府组织（INGO）

【成立时间】2006 年

【总部（或秘书处）所在地】秘书处位于中国北京中国科学院空天信息创新研究院

【宗旨】作为国际科学理事会（ISC）成员之一，旨在通过推动数字地球的发展而造福社会。

【组织架构】设 6 个专业工作组，分别为：数字地球科学与技术工作组（Science and Technology for Digital Earth）、数字地球产业参与工作组（Industry Engagement for Digital Earth）、数字地球治理与伦理工作组（Digital Earth Governance and Ethics）、数字地球中的公民参与和赋权工作组（Citizen Engagement and Empowerment in Digital Earth）、数字地球教育和能力建设工作组（Education and Capacity Building for Digital Earth）、数字地球对可持续发展目标贡献工作组（Contribution of Digital Earth to SDGs）。

【会员类型】机构、个人

【现任主席】2019 年至今：Alessandro Annoni（意）

【现任副主席】2019 年至今：Zaffar Sadiq Mohamed-Ghouse（澳）；Mario Hernandez（墨）

【近十年主席】2006－2011 年：路甬祥（中）；2011－2014 年：John Richards（澳）；2014－2015 年：John Richards（澳）；2015－2019 年：郭华东（中）

【出版物】《国际数字地球学报》(International Journal of Digital Earth)、《地球大数据》(Big Earth Data)

【系列学术会议】两年举行一次数字地球国际研讨会(International Symposium on Digital Earth)，2015 年第 9 届在加拿大哈利法克斯举行；2017 年第 10 届在澳大利亚悉尼举行；2019 年第 11 届在意大利佛罗伦萨举行；2021 年第 12 届在奥地利萨尔茨堡举行。两年举办一次数字地球峰会(Digital Earth Summit)，2016 年在中国北京举行；2018 年在摩洛哥杰迪达举行；2020 年以线上形式举行；2022 年在印度金奈举行。

【授予奖项】ISDE 会士(ISDE Fellow)、ISDE 终身会员奖(ISDE Life Member Award)、ISDE 会议组织奖(ISDE Conference Organizing Award)、高被引论文奖(Top 10 Most Cited Paper Award of IJDE)、数字地球科学技术贡献奖(Digital Earth Science/Technology Contribution Award)。以上奖项不定期颁发。

【经费来源】会员会费，以及来自中国科学院、中国科学技术协会、中国科学院空天信息创新研究院的经费。

【与中国的关系】ISDE 的创始主席为中国科学院院士路甬祥；中国科学院空天信息创新研究院郭华东院士曾于 2015－2019 年担任 ISDE 主席，现为 ISDE 名誉主席；中国科学院空天信息创新研究院王长林研究员现担任 ISDE 秘书长。2009 年 9 月，第 6 届数字地球国际研讨会在中国北京举办，由 ISDE、中国科学院主办，规模约 1000 人。2016 年 7 月，数字地球峰会在中国北京举办，规模约 300 人。

【官方网站】http://www.digitalearth-isde.org/

11. 国际土壤学联合会

【英文全称和缩写】International Union of Soil Sciences，IUSS

【组织类型】国际非政府组织(INGO)

【成立时间】1924 年

【总部(或秘书处)所在地】秘书处位于奥地利维也纳

【宗旨】作为国际科学理事会(ISC)成员之一，致力于促进土壤科学的发展，支持土壤学家的交流与研究活动。

【组织架构】设有 4 个专业学部，分别为：时空中的土壤部(Soils in Space and Time)、土壤性质与过程部(Soil properties and processes)、土壤利用与管理部(Soil Use and Management)、可持续社会中的土壤作用与环境部(The Role of Soils in Sustaining Society and the Environment)。

【会员类型】机构、个人

【现任主席】2023－2024 年：Edoardo A.C. Costantini（意）

【现任副主席】2023－2024 年：Victor Okechukwu Chude（尼日）

【近十年主席】2015－2016 年：Rainer Horn（德）；2017－2018 年：Rattan Lal（美）；2019－2020 年：Takashi Kosaki（日）；2021－2022 年：Laura Bertha Reyes Sánchez（墨）

【出版物】《IUSS 通讯》（IUSS Bulletin），IUSS 与其他机构合作的期刊包括：《旱地研究与管理》（Arid Land Research and Management）、《土壤生物学与土壤肥力》（Biology and Fertility of Soils）、《土链》（Catena）、《地皮》（Geoderma）、《植物营养与土壤科学杂志》（Journal of Plant Nutrition and Soil Science）、《土壤生物学》（Pedobiologia）、《土壤与耕作研究》（Soil and Tillage Research）、《土壤生物学与生物化学》（Soil Biology and Biochemistry）、《土壤与沉积物杂志》（Journal of Soils and Sediments）、《土壤研究》（Soil Research）、《土壤科学与植物营养》（Soil Science and Plant Nutrition）

【系列学术会议】4 年召开一次世界土壤科学大会（World Congress of Soil Sciences），2014 年第 20 届在韩国首尔召开，2018 年第 21 届在巴西里约热内卢召开，2022 年第 22 届在英国格拉斯哥召开，规模约 2000 人。

【对外资助计划】设有"激励基金"（IUSS Stimulus Fund），用于支持世界范围内土壤科学的发展。

【授予奖项】道库恰耶夫奖（Dokuchaev Award）：表彰对土壤科学基础研究做出杰出贡献的个人，4 年颁发一次；冯·李比希奖（Von Liebig Award）：表彰在应用土壤科学研究领域做出杰出贡献的个人；济州奖（Jeju Award）：由 IUSS 和韩国土壤科学学会于 2014 年共同设立，表彰在土壤科学相关的教育、研究事业中做出贡献的中青年土壤学家；丹·亚隆青年科学家奖章（Dan Yaalon Young Scientist Medal）：为纪念耶路撒冷希伯来大学的土壤科学家丹·雅隆而设立，表彰在土壤与空间和时间关系研究中取得杰出成就的青年科学家；库比纳奖章（Kubiena Medal）：表彰在土壤微观形态领域中做出杰出贡献的研究成果；理查德·韦伯斯特奖章（Richard Webster Medal）：表彰在土壤测定领域做出杰出贡献的个人，4 年颁发一次；盖伊·史密斯奖章（Guy Smith Medal）：表彰在土壤分类学领域中做出杰出贡献的个人；玛格丽特·奥利弗奖（Margaret Oliver Prize）：表彰对土壤测定领域做出杰出贡献并处于职业生涯早期的个人；黄盘铭奖（Pan Ming Huang Prize）：表彰推动了土壤材料、土壤有机物、土壤微生物关系研究的个人。

【与中国的关系】中国农业大学张福锁院士现任 IUSS 奖励委员会委员，中国科学院南京土壤研究所张甘霖研究员现任 IUSS 财务预算委员会委员，华中农业大学黄巧云教授现任 IUSS 土壤性质与过程部的土壤化学、物理、生物界面反应委员会副主席，中国科学院南京土壤研究所张佳宝院士现任 IUSS 土壤利用与管理部的土壤工程与技术委员会主席，中国科学院城市环境研究所朱永官研究员于 2010－2014 年担任 IUSS 可持续社会中的土壤作用与环境部的土壤、食品安全与人类健康分委员会副主席。

【官方网站】https://www.iuss.org/

12. 国际土壤与耕作研究组织

【英文全称和缩写】International Soil and Tillage Research Organisation，ISTRO

【组织类型】国际非政府组织（INGO）

【成立时间】1973 年

【总部（或秘书处）所在地】荷兰

【宗旨】致力于促进土壤耕作、田间交通，及其与土壤环境、土地利用和作物生产关系的科学研究及科学家间的合作，并推动研究成果应用于农业实践。

【组织架构】设大会、董事会、4 个工作组：底土压实工作组（Subsoil Compaction）、目视土壤检查和评估工作组（Visual Soil Examination and Evaluation）、控制交通耕作工作组（Controlled Traffic Farming）、保护性土壤耕作工作组（Conservation Soil Tillage）。

【会员类型】个人。来自 70 多个国家，700 余人

【现任主席】2018 年至今：Mark Reiter（美）

【近十年主席】2012－2015 年：彭新华（中）；2015－2018 年：Nicholas Holden（爱）

【出版物】《土壤与耕作研究》（Soil and Tillage Research）

【系列学术会议】3 年召开一次 ISTRO 大会（ISTRO Conference），2012 年在乌拉圭蒙得维的亚举行，2015 年在中国南京举行，2018 年在法国巴黎举行。

【与中国的关系】中国科学院南京土壤所研究员彭新华曾任 ISTRO 主席。2015 年，第 20 届 ISTRO 大会在南京召开，由中国科学院南京土壤研究所和 ISTRO 主办，规模约 130 人。

【官方网站】https://www.istro.org/

13. 国际岩石力学与岩石工程学会

【英文全称和缩写】The International Society for Rock Mechanics and Rock Engineering，ISRM

【组织类型】国际非政府组织(INGO)

【成立时间】1962 年

【总部(或秘书处)所在地】秘书处位于葡萄牙里斯本

【宗旨】旨在鼓励岩石力学领域专业人士间的国际合作和思想信息交流，推动相关教学、研究和知识进步，促进以更高的标准开展岩石工程技术实践，实现更安全、更经济的采矿和石油工程作业。

【组织架构】设 15 个专业委员会，分别为：断裂岩石中的热-水-机械-化学耦合过程委员会(Commission on Coupled Thermal-Hydro-Mechanical-Chemical Processes in Fractured Rock)、地应力和地震委员会(Commission on Crustal Stress and Earthquake)、深度采矿委员会(Commission on Deep Mining)、设计方法委员会(Commission on Design Methodology)、不连续变形分析委员会(Commission on Discontinuous Deformation Analysis)、行星岩石力学委员会(Commission on Planetary Rock Mechanics)、古遗址保护委员会(Commission on Preservation of Ancient Sites)、放射性废物处置委员会(Commission on Radioactive Waste Disposal)、岩爆委员会(Commission on Rockburst)、岩石动力学委员会(Commission on Rock Dynamics)、岩石灌浆委员会(Commission on Rock Grouting)、软岩委员会(Commission on Soft Rocks)、吸附岩委员会(Commission on Sorptive Rocks)、测试方法委员会(Commission on Testing Methods)、地下核电站委员会(Commission on Underground Nuclear Power Plants)。

【会员类型】国家、机构、个人(约 8500 人)

【会员国】*亚洲*：中、印、印尼、伊朗、以、日、韩、马、蒙、尼、新、越、土；*欧洲*：阿、奥、比、波黑、保、克、捷、丹、芬、法、德、希、匈、冰、意、北、荷、挪、葡、罗、俄、塞尔、斯、斯洛、西、瑞典、瑞士、乌克兰、英；*非洲*：南非、突、津；*大洋洲*：澳、新西；*北美洲*：加、美、哥斯、墨；*南美洲*：阿根、玻、巴西、智、哥伦、巴拉、秘

【会员机构】170 余家企业和大学

【现任主席】2019－2023 年：Resat Ulusay(土)

【现任副主席】2019－2023 年：Ömer Aydan(日)；杨强(中)；Vojkan Jovicic(斯洛)

【近十年主席】2011—2015 年：冯夏庭（中）；2015—2019 年：Eda Freitas de Quadros（巴西）

【系列学术会议】每 4 年召开一次国际岩石力学大会（ISRM International Congress on Rock Mechanics）。

【授予奖项】缪勒奖（Müller Award）：表彰对岩石力学和岩石工程做出杰出贡献者，4 年颁发一次；罗哈奖章（Rocha Medal）：面向岩石力学领域的青年科研人员，颁发给优秀博士论文的作者，每年颁发一次；富兰克林演讲奖（Franklin Lecture）：表彰在岩石力学和岩石工程的特定领域做出重大贡献、处于职业发展中期的 ISRM 会员，每一到两年颁发一次；ISRM 会士（ISRM Fellows）：授予在岩石力学和岩石工程领域取得杰出成就，并为该领域发展做出贡献的个人，每两年颁发一次；ISRM 最佳国家小组奖（ISRM Best Performing National Group Award）：授予在 ISRM 表现优异的国家小组，每两年颁发一次；约翰·哈德森岩石工程奖（John Hudson Rock Engineering Award）：表彰在岩石力学工程实践中取得的杰出成就，每两年颁发一次；ISRM 科学技术奖（ISRM Science and Technology Awards）：表彰在岩石力学和岩石工程领域做出杰出科技贡献的 ISRM 个人或企业会员，每两年颁发一次；青年工程师奖（Young Engineers Prize）：表彰在岩石工程实践中取得成就的 ISRM 个人会员。

【与中国的关系】清华大学水利工程系杨强教授现任 ISRM 副主席。ISRM 的会员机构中有 25 家中国机构，包括山东大学、同济大学、中国矿业大学（北京）、中国石油大学（北京）等知名高校，中国地质科学院地质与地球物理研究所、中国科学院武汉岩土力学研究所、应急管理部国家自然灾害防治研究院等科研机构，北京城建设计发展集团股份有限公司、中国铁道科学研究院集团有限公司、中国煤炭科工集团有限公司等大型企业。中国科学院武汉岩土力学研究所冯夏庭院士曾担任 ISRM 主席。由 ISRM 主办，中国岩石力学与工程学会、新加坡岩石力学学会共同承办的第 12 届国际岩石力学大会于 2011 年 10 月在北京召开。截至 2019 年，中国已经连续三次获得 ISRM 最佳国家小组奖；2020 年，左建平荣获 ISRM 科学技术奖；梁正召（2008）、李刚（2009）、雷庆华（2019）、尚俊龙（2020）、赵骏（2023）获得了 ISRM 罗哈奖章。

【官方网站】https://www.isrm.net/

14. 海洋研究科学委员会

【英文全称和缩写】Scientific Committee on Oceanic Research，SCOR

【组织类型】国际非政府组织（INGO）

【成立时间】1957 年

【总部(或秘书处)所在地】秘书处位于美国特拉华大学

【宗旨】致力于解决与海洋有关的跨学科科学问题。

【组织架构】设执行委员会、秘书处、动态调整的专业工作组

【会员类型】国家

【会员国】*亚洲*：中、印、以、日、韩、巴、土；*欧洲*：比、芬、法、德、爱、意、荷、挪、波、俄、瑞典、瑞士、英；*非洲*：纳、南非；*大洋洲*：澳、新西；*北美洲*：加、墨、美；*南美洲*：巴西、智、哥伦、厄

【现任主席】2020－2024 年：Sinjae Yoo(韩)

【现任副主席】2022－2024 年：Bradley Moran(美)；Stefano Aliani(意)；Ilka Peeken(德)

【近十年主席】2010－2012 年：Wolfgang Fennel(德)；2012－2014 年：Peter Burkill(英)；2014－2016 年：Peter Burkill(英)；2016－2018 年：Marie-Alexandrine Sicre(法)；2018－2020 年：Marie-Alexandrine Sicre(法)

【系列学术会议】每年举行一次年会(SCOR Annual Meeting)，2017 年在南非开普敦举行，2018 年在英国普利茅斯举行，2019 年在日本富山举行，2020 年和 2021 年为线上举行，2022 年在韩国釜山举行。

【对外资助计划】当前资助实施 5 个研究项目：痕量元素和同位素海洋生物地球化学循环项目(GEOTRACES)、第二次国际印度洋探险项目(Second International Indian Ocean Expedition)、综合海洋生物圈研究项目(Integrated Marine Biosphere Research、国际静海实验项目(International Quiet Ocean Experiment)、地表海洋-低层大气研究项目(Surface Ocean-Lower Atmosphere Study)。

【经费来源】运行经费来自国际科学理事会(ISC)、联合国教育、科学及文化组织(UNESCO)、会员国会费、捐款。研究项目的经费来自美国国家科学基金会、斯隆基金会等资助机构。

【与中国的关系】同济大学海洋与地球科学学院汪品先院士于 1994－1998 年担任 SCOR 副主席；厦门大学洪华生教授于 2006－2010 年担任 SCOR 副主席。原中国科学院海洋研究所所长孙松于 2014－2018 年担任 SCOR 副主席。1993 年 9 月，SCOR 年会在山东青岛举办。2009 年 10 月，SCOR 年会在北京举办。

【官方网站】https://scor-int.org/

15. 南极研究科学委员会

【英文全称和缩写】Scientific Committee on Antarctic Research，SCAR

【组织类型】国际非政府组织（INGO）

【成立时间】1958 年

【总部（或秘书处）所在地】秘书处位于英国剑桥大学

【宗旨】负责国际南极研究计划的制定、启动、推进和协调，定期发布国际南极研究的最新发现，并提出南极科学研究新的优先方向。

【组织架构】设 5 个常务委员会，包括：南极数据管理常务委员会、南极地理信息常务委员会、南极条约体系常务委员会、人文社会科学常务委员会、财务常务委员会。

【会员类型】国家、机构

【会员国】*亚洲*：中、印、日、韩、马、伊朗、巴、泰、土；*欧洲*：俄、法、德、意、荷、挪、西、英、比、保、芬、波、葡、瑞典、瑞士、乌克兰、奥、白、捷、丹、摩纳哥、罗；*非洲*：南非；*大洋洲*：澳、新西；*北美洲*：美、加；*南美洲*：阿根、巴西、智、厄、秘、乌、哥伦、委

【会员机构】9 个国际组织会员：国际天文学联合会（IAU）、国际地理联合会（IGU）、国际第四纪研究联合会（INQUA）、国际生物科学联合会（IUBS）、国际大地测量学与地球物理学联合会（IUGG）、国际地质科学联合会（IUGS）、国际生理科学联合会（IUPS）、国际纯粹与应用化学联合会（IUPAC）、国际无线电科学联盟（URSI）

【现任主席】2021 年至今：Yeadong Kim（韩）

【现任副主席】2016 年至今：Jefferson Cardia Simões（巴西）；2021 年至今：Deneb Karentz（美）；2022 年至今：Marcelo Leppe（智）；2022 年至今：Burcu Özsoy（土）

【出版物】《SCAR 通讯》（SCAR Bulletin）、《SCAR 报告》（SCAR Report）

【系列学术会议】两年举办一次开放科学大会（Open Science Conference），2016 年第 7 届在马来西亚吉隆坡举行，2018 年第 8 届在瑞士达沃斯举行，2020 年第 9 届和 2022 年第 10 届在线上举行。4 年举办一次 SCAR 生物学研讨会（SCAR Biology Symposia），2009 年第 10 届在日本札幌举行，2013 年第 11 届在西班牙巴塞罗那举行，2017 年第 12 届在比利时鲁汶举行。4 年举办一次南极地球科学国际研讨会（International Symposia on Antarctic Earth Sciences），2011 年第 11 届在英国爱丁堡举行，2015 年第 12 届在印度果阿举行，2019 年第 13

届在韩国仁川举行。两年举办一次人文社会科学常务委员会会议(Standing Committee on the Humanities and Social Sciences),2015 年在美国科罗拉多州立大学举行,2017 年在澳大利亚塔斯马尼亚州霍巴特举行,2019 年在阿根廷乌斯怀亚举行,2021 年在日本神户举行。

【对外资助计划】早期职业奖学金(Early-career Fellowships):资助处于学术生涯早期的青年科研人员与其他国家的研究团队共同开展研究。

【授予奖项】访问学者奖(Visiting Scholar Awards):表彰对 SCAR 的目标做出重要贡献的科研人员,资助他们前往 SCAR 会员国短期访学;SCAR 奖章(SCAR Medals):表彰对 SCAR 做出卓越贡献的会员,包括南极研究卓越奖章(Medal for Excellence in Antarctic Research)、国际协调奖章(Medal for International Coordination)、教育与交流奖章(Medal for Education and Communication)3 类,两年颁发一次。

【与中国的关系】1998 年 9 月,SCAR 在中国兰州举办了第六届国际南极冰川学学术会议(6th International Glaciological Symposium on Antarctic Glaciology)。

【官方网站】https://www.scar.org

16. 全球海洋观测伙伴关系

【英文全称和缩写】Partnership for Observation of the Global Ocean,POGO
【组织类型】国际非政府组织(INGO)
【成立时间】1999 年
【总部(或秘书处)所在地】英国
【宗旨】作为世界范围内海洋研究者的论坛,致力于促进全球海洋环境的观测活动。
【组织架构】设理事会
【会员类型】机构
【会员机构】54 个机构,来自以下国家:*亚洲*:孟、中、印、日、马、韩;*欧洲*:比、法、德、爱、意、荷、挪、葡、西、英;*非洲*:贝、佛、科特、加纳、摩、尼日;*大洋洲*:澳;*北美洲*:加、墨、美;*南美洲*:智、哥伦
【现任主席】2015 年至今:Nicholas J P Owens(英)
【系列学术会议】每年召开一次 POGO 大会(POGO Meetings),2018 年在美国圣地亚哥召开,2019 年在佛得角明德卢召开,2020 年在中国青岛召开,2021 年和 2022 年在线上召开,2023 年在法国土伦召开。

【与中国的关系】中国自然资源部第一海洋研究所和第二海洋研究所、中国国家海洋技术中心、中国科学院海洋研究所、中国科学院南海海洋研究所、青岛海洋科学与技术国家实验室均为 POGO 的会员机构。

【官方网站】https://pogo-ocean.org/

17. 全球海洋遥感协会

【英文全称和缩写】Pan Ocean Remote Sensing Conferences Association，PORSEC

【组织类型】国际非政府组织(INGO)

【成立时间】1992 年

【宗旨】致力于推动海洋遥感相关先进技术的应用，促进海洋、大气科学知识的交流和应用，利用全球遥感数据帮助发展中国家提升海洋研究水平和处理海洋问题的能力。

【组织架构】设执行委员会

【会员类型】机构、个人

【现任主席】2016 年至今：Gad Levy(美)

【现任副主席】2016 年至今：Abderrahim Bentamy(法)；MingAn Lee(韩)；Stefano Vignudelli(意)

【近十年主席】2008—2012 年：Jim Gower(英)；2012—2016 年：唐丹玲(中)

【系列学术会议】两年召开一次全球海洋遥感大会(Pan Ocean Remote Sensing Conference)，2014 年在印度尼西亚巴厘岛召开，2016 年在巴西福塔雷萨召开，2018 年在韩国济州岛召开。

【授予奖项】杰出服务奖(Distinguished Service Awards)：表彰对 PORSEC 做出杰出服务贡献的会员，两年颁发一次；杰出科学奖(Distinguished Science Awards)：表彰在海洋遥感领域做出杰出科学贡献的科学家，两年颁发一次。

【经费来源】由各国政府部门资助，资助方包括：美国国家科学基金会(NSF)、美国国家航空航天局(NASA)、美国海军研究办公室(ONR)、日本国家空间发展机构(NASDA)、美国国家海洋和大气管理局(NOAA)、澳大利亚气象和海洋学会(AMOS)、先进海洋技术会议(AMTEC)、政府间海洋学委员会(IOC)、澳大利亚航天局(ASO)、加拿大遥感中心(CCRS)、印度太空部(DOS)、印度海洋发展部(DOD)、印度科技部(DST)、欧洲航天局(ESA)、日本海洋科学技术中心(JASTEC)、国际气象学和大气物理学协会(IAMAP)、国际海洋物理科学协会(IAPSO)、海洋研究科学委员会(SCOR)、日本文部科学省、中国教育部、中国科技部。

【与中国的关系】中国科学院南海海洋研究所唐丹玲于 2012－2016 年担任 PORSEC 主席。1998 年，第四届全球海洋遥感大会于中国青岛召开。2008 年，第九届全球海洋遥感大会在中国广州召开，主办方为中国科学院南海海洋研究所。2010 年，第十届全球海洋遥感大会在中国台湾基隆召开。

【官方网站】https://porsec.nwra.com/

18．日地物理科学委员会

【英文全称和缩写】Scientific Committee on Solar-Terrestrial Physics，SCOSTEP

【组织类型】国际非政府组织（INGO）

【成立时间】1966 年

【总部（或秘书处）所在地】总部位于美国伊利诺伊大学

【宗旨】旨在促进日地物理学的国际跨学科研究，促进各国科学家间的数据和信息共享。

【组织架构】设理事会、执行委员会

【会员类型】国际组织

【会员机构】10 个正式会员：国际科学理事会（ISC）、国际空间研究委员会（COSPAR）、国际地磁与气象学协会（IAGA）、国际气象学和大气科学协会（IAMAS）、国际天文学联合会（IAU）、国际纯粹与应用物理学联合会（IUPAP）、国际大地测量学与地球物理学联合会（IUGG）、南极研究科学委员会（SCAR）、国际无线电科学联盟（URSI）、世界数据系统（WDS）。

【现任主席】2019 年至今：Kazuo Shiokawa（日）

【现任副主席】2019 年至今：Daniel Marsh（美）

【经费来源】会费

【官方网站】https://scostep.org/

19．应用地球化学家协会

【英文全称和缩写】The Association of Applied Geochemists，AAG

【组织类型】国际非政府组织（INGO）

【成立时间】1970 年

【总部（或秘书处）所在地】加拿大渥太华

【宗旨】致力于通过国际期刊、时事通讯、专题研讨会和资助学生，推动矿物勘探和相关环境与分析领域的知识进步。

【组织架构】设执行委员会

【会员类型】个人

【现任主席】2019 年至今：John Carranza（南非）

【现任副主席】2019 年至今：Yulia Uvarova（澳）

【近十年主席】2014－2019 年：Dennis Arne（澳）

【出版物】《元素》（Elements）、《地球化学：探测、环境、分析》（Geochemistry: Exploration, Environment, Analysis）

【系列学术会议】每 3 年举办一次国际应用地球化学研讨会（International Applied Geochemistry Symposium）。

【授予奖项】金质奖章（Gold Medal）：表彰取得了杰出成果的地球化学家，2～6 年不定期颁发；银奖（Silver Medal）：表彰对协会做出杰出贡献的会员，2～10 年不定期颁发；卡梅伦霍尔铜奖（Cameron-Hall Copper Medal）：表彰在 AAG 主办的期刊上发表的优秀论文作者，每年颁发一次。

【经费来源】会费、捐赠

【与中国的关系】1993 年，第 16 届国际地球化学勘探研讨会（IGES）在中国北京举办。中国科学院院士谢学锦、成秋明分别于 2007 年和 2022 年荣获 AAG 金质奖章，该奖项是国际勘查地球化学界最高奖项。

【官方网站】https://www.appliedgeochemists.org/

20. 应用矿床地质学会

【英文全称和缩写】The Society for Geology Applied to Mineral Deposits，SGA

【组织类型】国际非政府组织（INGO）

【成立时间】1965 年

【总部（或秘书处）所在地】瑞士日内瓦

【宗旨】致力于推进地质、矿产资源及其环境的科学研究。

【组织架构】设执行委员会

【会员类型】个人，约 1300 余人

【现任主席】2022 年至今：David Banks（英）

【现任副主席】2022 年至今：Stanislaw Mikulski（波）

【近十年主席】2013－2015 年：Georges Beaudoin（加）；2015－2017 年：Jorge Relvas（葡）；2017－2019 年：Karen D. Kelley（美）；2019－2022 年：David Huston（澳）

【出版物】《矿床》(Mineralium Deposita)

【系列学术会议】两年举行一次双年度会议(SGA Biennial Meetings)，2013年第 12 届在瑞典乌普萨拉举行，2015 年第 13 届在法国南锡举行，2017 年第 14 届在加拿大魁北克举行，2019 年第 15 届在英国格拉斯哥举行，2022 年第 16 届在线举行。

【对外资助计划】设立 SGA 教育基金(SGA Educational Fund)，为学生和专业人员提供矿床地质教育方面的经费支持，资助他们参加 SGA 组织或赞助的国际科学会议、实地考察、讲习班、短期课程等。

【授予奖项】SGA-KGHM 克罗尔奖章(SGA-KGHM Krol Medal)：表彰对 SGA 做出杰出贡献的个人；SGA-纽蒙特金质奖章(SGA-Newmont Gold Medal)：表彰在矿床领域做出开创性贡献的个人；SGA 青年科学家奖(SGA Young Scientist Award)：表彰杰出的青年科研人员；最佳论文奖(The Best Paper Published in Mineralium Deposita)：奖励在 SGA《矿床》期刊上发表的最佳论文；演讲和海报展示优秀学生奖(The Best Student Oral and Poster Presentation)：表彰具有科学价值的学生演讲及会议学术海报。以上奖项均两年颁发一次。

【经费来源】会员会费、赞助商资助

【与中国的关系】中国科学院广州地球化学研究所陈华勇曾担任 SGA 副主席。中国地质科学院地质研究所宋玉财曾担任 SGA 亚洲区副主席，东北大学孙效玉曾担任 SGA 委员会委员。2008 年，在北京举行第 8 届 SGA 双年度会议。

【官方网站】https://e-sga.org/home/#

(五)环境与生态学

1. 国际腐殖质学会

【英文全称和缩写】International Humic Substances Society，IHSS

【组织类型】国际非政府组织(INGO)

【成立时间】1981 年

【总部(或秘书处)所在地】中国南京农业大学

【宗旨】旨在促进土壤和水体中天然有机物的研究。

【组织架构】设执行委员会

【会员类型】个人

【会员国】在 27 个国家设有协调员：*亚洲*：中、日、以；*欧洲*：保、捷、丹、爱沙、芬、法、德、希、匈、意、立、挪、波、葡、俄、西、瑞典；*大洋洲*：新西、澳；*北美洲*：加、美；*南美洲*：巴西、阿、智

【现任主席】2022 年至今：Irina Perminova（俄）

【现任副主席】2022 年至今：Deborah Pinheiro Dick（巴西）

【近十年主席】2010－2012 年：Ladislau Martin-Neto（巴西）；2012－2014 年：Teodoro Miano（意）；2014－2016 年：E. Michael Perdue（美）；2016－2018 年：Gudrun Abbt-Braun（德）；2018－2020 年：Yiannis Deligiannakis（希）；2020－2022 年：José María Garcia Mina Feire（西）

【系列学术会议】每两年举办一次国际腐殖质学会大会（IHSS Conference），2019 年在保加利亚瓦尔纳召开第 19 届 IHSS 大会；2021 年在线上召开第 20 届 IHSS 大会。

【授予奖项】IHSS 差旅支持与培训奖（IHSS Travel Support and Training Awards）：资助青年科学家和学生参加国际会议等交流活动或为期 1～3 个月的国外研究培训，每年颁发一次。

【与中国的关系】在浙江大学设有协调员。2012 年，第 16 届 IHSS 大会在中国浙江举办。

【官方网站】https://humic-substances.org/

2. 国际环境问题科学委员会

【英文全称和缩写】Scientific Committee on Problems of the Environment，SCOPE

【组织类型】国际非政府组织（INGO）

【成立时间】1969 年

【总部（或秘书处）所在地】荷兰阿姆斯特尔芬

【宗旨】旨在识别和分析由人类和环境引起的、会对人类和环境造成影响的环境问题。

【组织架构】设执行委员会

【会员类型】机构

【会员机构】约 40 个国家科学院、20 余个国际科学联盟、委员会和学会

【现任主席】Jon Samseth（挪）

【现任副主席】2009 年至今：吕永龙（中）

【出版物】《环境发展》（Environmental Development），不定期发布不同主题的《政策简报》（SCOPE Policy Brief），如《拉丁美洲与非洲的可持续生物能

源》(Sustainable Bioenergy Latin America and Africa)、《生物能源与可持续性》(Bioenergy and Sustainability)、《全球碳循环》(Global Carbon Cycle)等。

【系列学术会议】3 年召开一次全体大会，不定期召开各类研讨会。

【与中国的关系】中国科学院生态环境研究中心吕永龙研究员曾于 2018－2021 年担任 SCOPE 副主席。SCOPE 中国委员会(SCOPE CAST CHINA)秘书处挂靠在中国科学院生态环境研究中心。中国科学院刘静宜院士曾于 1988－1998 年担任 SCOPE 中国委员会秘书长。2019 年 6 月，SCOPE "生物质炭与绿色发展研讨会"(Workshop on Biochar for Green Development)在南京农业大学召开。

【官方网站】https://scope-environment.org/

3. 国际景观生态协会

【英文全称和缩写】International Association for Landscape Ecology，IALE

【组织类型】国际非政府组织(INGO)

【成立时间】1919 年

【总部(或秘书处)所在地】荷兰瓦格宁根

【宗旨】促进景观生态学的研究，为全世界景观的分析、规划和管理提供科学依据。

【组织架构】设执行委员会、理事会，下设 11 个工作组(Working Groups)，分别是：三维景观指数组(3D Landscape Metrics)、学校景观生态学组(Landscape Ecology in Schools)、国际森林景观生态学组(International Working Group on Forest Landscape Ecology)、生物文化景观组(Biocultural Landscapes)、景观规划组(Landscape Planning)、生物多样性和生态系统服务评估组(Biodiversity and Ecosystem Services Assessments)、历史景观生态学组(Historical Landscape Ecology)、环境中生物的空间分析组(Spatial Analysis of Organisms in the Environment)、IALE 对外联络与政策工作组(IALE Outreach and Policy Working Group)、城市和城郊治理组(Urban and Peri-Urban Governance)、粮食和水安全组(Food and Water Security)。

【会员类型】机构、个人

【会员机构】来自以下国家：*亚洲*：中、印、伊朗、日、土、越；*欧洲*：白、捷、丹、法、德、意、波、葡、罗、俄、斯、西、瑞典、乌克兰、英；*大洋洲*：澳；*南美洲*：阿根、巴西、智

【现任主席】2019－2023 年：Robert Scheller(美)

【现任副主席】2019－2023 年：Dolors Armenteras(哥伦)、Henry Bulley(美)、

Benjamin Burkhardt(德)；2021－2025 年：Cristian Echeverria(智)、Markéta Šantrůčková(捷)、周伟奇(中)

【近十年主席】2015－2019 年：Christine Fürst(德)

【出版物】《景观生态学》(Landscape Ecology)

【系列学术会议】4 年举办一次 IALE 世界大会(World Congress)，2011 年在中国北京举办，2015 年在美国波特兰举办，2019 年在意大利米兰举办。

【经费来源】会费、赞助

【与中国的关系】2011 年，第八届 IALE 世界大会在中国北京举办。中国科学院生态环境研究中心陈利顶研究员、周伟奇研究员分别于 2017－2021 年、2021－2025 年担任 IALE 分管亚洲区域活动的副主席。IALE 设有中国分会(IALE-China)，其办公实体挂靠在中国科学院生态环境研究中心。

【官方网站】https://www.landscape-ecology.org/

4. 国际林业研究组织联盟

【英文全称和缩写】International Union of Forest Research Organizations，IUFRO

【组织类型】国际非政府组织(INGO)

【成立时间】1892 年

【总部(或秘书处)所在地】奥地利维也纳

【宗旨】作为国际科学理事会(ISC)的成员之一，旨在推进卓越研究和知识共享，形成以科学为基础的解决方案，以应对与森林相关的发展挑战。

【组织架构】设 9 个部门(Division)，分别为：造林(Silviculture)，生理学和遗传学(Physiology and Genetics)，森林运营工程和管理(Forest Operations Engineering and Management)，森林评估、建模和管理(Forest Assessment, Modelling and Management)，林产品(Forest Products)，森林和林业的社会面(Social Aspects of Forests and Forestry)，森林健康(Forest Health)，森林环境(Forest Environment)，森林政策和经济(Forest Policy and Economics)；另设 9 个工作组(Task Forces)，分别为：森林教育工作组(Forest Education)，全球树木死亡模式和趋势监测工作组(Monitoring Global Tree Mortality Patterns and Trends)，全球野外纵火活动经济驱动力工作组(Economic Drivers of Global Wildland Fire Activity)，变化环境中的森林与水相互作用工作组(Forests and Water Interactions in a Changing Environment)，林业性别平等工作组(Gender Equality in Forestry)，服务社会和生物经济的弹性人工林工作组(Resilient

Planted Forests Serving Society & Bioeconomy），适应气候变化影响的森林繁殖材料获取苗圃体系强化工作组（Strengthening Mediterranean Nursery Systems for Forest Reproductive Material Procurement to Adapt to the Effects of Climate Change），生物经济和非木材林产品开发工作组（Unlocking the Bioeconomy and Non-Timber Forest Products），面向未来气候和人类福祉的森林景观转型工作组（Transforming Forest Landscapes for Futures Climates and Human Well-Being）。

【会员类型】机构、个人（约 1.5 万余人）

【会员机构】约 650 个机构，来自以下国家：*亚洲*：孟、柬、中、格、印、印尼、伊朗、伊、以、日、朝、韩、吉、老、马、蒙、缅、尼、巴、菲、斯里、泰、土、越；*欧洲*：阿、奥、白、比、波黑、保、克、塞、捷、丹、爱沙、芬、法、德、希、匈、冰、爱、意、拉、立、卢、摩尔、荷、挪、波、葡、罗、俄、塞尔、斯、斯洛、西、瑞典、瑞士、北、乌克兰、英；*非洲*：阿尔、贝、布基、喀、乍、刚果（金）、刚果（布）、科特、埃、埃塞、加纳、肯、利比、马达、马拉、马里、摩、纳、尼日尔、尼日、几、卢旺、塞内、南非、苏、斯威、坦桑、多、突、乌干、赞、津；*大洋洲*：澳、斐、新西、所罗门、瓦；*北美洲*：加、哥斯、古、危、海、洪、墨、尼加、巴拿、特立、美；*南美洲*：阿根、玻、巴西、智、哥伦、厄、乌、秘、委

【现任主席】2019－2024 年：John Parrotta（美）

【现任副主席】2019－2024 年：Daniela Kleinschmit（德）；刘世荣（中）

【出版物】《IUFRO 世界系列》（IUFRO World Series）

【系列学术会议】每 4～5 年召开一次 IUFRO 世界大会（IUFRO World Congress），2005 年在澳大利亚布里斯班举行，2010 年在韩国首尔举行，2014 年在美国盐湖城举行，2019 年在巴西库里提巴举行。

【授予奖项】荣誉会员（Honorary Membership）：表彰对 IUFRO 做出杰出贡献的个人；杰出服务奖（Distinguished Service Award）：表彰促进了 IUFRO 发展的个人；特别表彰奖（Special Recognition Award）：表彰显著推进了 IUFRO 发展的个人；感谢证书（Certificate of Appreciation）：旨在感谢对 IUFRO 的组织或活动做出重大贡献的个人；科学成就奖（Scientific Achievement Award）：表彰在 IUFRO 的相关研究领域内取得杰出科学成就的个人；杰出博士研究奖（Outstanding Doctoral Research Award）：表彰取得杰出成果的博士生；IUFRO 森林科学优秀学生奖（IUFRO Student Award for Excellence in Forest Sciences）：表彰在森林科学方面取得杰出成果的硕士生；IUFRO 世界大会主办科学奖（IUFRO World Congress Host Scientific Award）：授予大会主办国的杰出科学家，

表彰他们为提高森林科学影响力方面做出的贡献；最佳海报奖（Best Poster Award）：表彰在 IUFRO 世界大会上发表的优秀学术海报。

【与中国的关系】中国林业科学研究院刘世荣教授现担任 IUFRO 副主席。

【官方网站】https://www.iufro.org/

5. 国际能值研究学会

【英文全称和缩写】International Society for the Advancement of Emergy Research，ISAER

【组织类型】国际非政府组织（INGO）

【成立时间】2007 年

【总部（或秘书处）所在地】美国罗得岛州韦克菲尔德

【宗旨】致力于在世界范围内推动决策对能值和能源转换率概念的接受与应用。

【组织架构】设执行委员会

【会员类型】个人

【现任主席】2017 年至今：Pier Paolo Franzese（意）

【系列学术会议】两年举办一次双年度能值会议（The Biennial Emergy Conferences），举办地点均为美国佛罗里达大学。

【经费来源】会费、捐款

【与中国的关系】中国科学院地理科学与资源研究所严茂超研究员是 ISAER 设立时的 8 名筹建委员会成员之一。ISAER 中国分会（China Chapter）于 2014 年成立，华南植物园陆宏芳研究员于 2015 年开始担任 ISAER 中国分会首任秘书长，并于 2021 年担任 ISAER 当选主席。中国科学院地理科学与资源研究所李海涛副研究员担任 ISAER 中国分会执行委员会委员，并于 2021 年当选 ISAER 执行委员会委员，任期为 2021－2025 年。北京师范大学环境学院陈彬教授担任 ISAER 执行委员会委员，任期为 2021－2025 年。

【官方网站】https://www.emergysociety.com/

6. 国际气候行动网络

【英文全称和缩写】Climate Action Network - International，CAN

【组织类型】国际非政府组织（INGO）

【成立时间】1989 年

【总部(或秘书处)所在地】德国波恩

【宗旨】致力于推动各国政府采取行动,将人为引起的气候变化限制在生态可持续的水平。

【组织架构】设 14 个工作组,分别为:适应与损失和损害组(Adaptation and Loss & Damage Working Group)、农业工作组(Agriculture Working Group)、雄心与国家自主贡献组(Ambition and Nationally Determined Contributions Group)、技术工作组(Technology Working Group)、通信工作组(Communication Working Group)、能源工作组(Energy Working Group)、金融组(Finance Group)、灵活机制组(Flexible Mechanisms Group)、二十国集团工作组(G20 Working Group)、全球盘点组(Global Stocktake Group)、透明度工作组(Transparency Working Group)、非政府组织参与工作组(NGO Participation Working Group)、科学政策工作组(Science Policy Working Group)、生态系统工作组(Ecosystems Working Group)。

【会员类型】机构

【会员机构】130 多个国家的 1500 多个非政府组织、非营利机构

【现任主席】2021 年至今:Jean Su(美);Mandy Woods(南非)

【近十年主席】Genevieve Jiva(斐)

【出版物】不定期发布 CAN 立场(CAN Positions)系列报告,阐明其对一些重点政策议题的立场和观点,如《能源有效性与节约》(CAN Position: Energy Efficiency and Conservation)、《碳捕捉、储存与利用》(CAN Position: Carbon Capture, Storage and Utilisation)等。

【例会周期】每年召开一次理事会会议

【经费来源】捐款

【与中国的关系】由中国国际民间组织合作促进会发起成立的"中国民间气候变化行动网络"(CCAN)作为独立的网络参与 CAN 的活动。

【官方网站】http://www.climatenetwork.org/

7. 国际区域气候行动组织

【英文全称和缩写】Regions of Climate Action,R20

【组织类型】国际非政府组织(INGO)

【成立时间】2011 年

【总部(或秘书处)所在地】瑞士日内瓦

【宗旨】推动全球各国、各地区政府促进可缓解气候变化问题的低碳经济发

展项目，并制定相关政策、实施具体措施。

【组织架构】由 R20 区域气候行动协会和 R20 基金会组成，前者履行日常运营职责，后者管理重要的投资决策。

【会员类型】机构

【会员机构】来自以下国家：*亚洲*：印、菲、韩、中；*欧洲*：奥、克、法、葡、罗、荷；*非洲*：阿尔、布基、马里、摩、尼日、卢旺、塞内、坦桑、乌干；*北美洲*：加、墨、美；*南美洲*：巴西、厄、秘

【现任主席】2017 年至今：Magnus Berntsson（瑞典）

【近十年主席】2011—2013 年：Linda Adams（美）；2013—2017 年：Michèle Sabban（法）

【出版物】《年度活动报告》（Annual Activity Report）

【经费来源】会费、捐助

【与中国的关系】民间环保专家程裕富博士现任 R20 中国大使（R20 Ambassador for China）。2015 年，上海飞乐音响股份有限公司与 R20 签署战略合作协议。

【官方网站】https://regions20.org/

8. 国际生态建模学会

【英文全称和缩写】International Society for Ecological Modelling，ISEM

【组织类型】国际非政府组织（INGO）

【成立时间】1978 年

【总部（或秘书处）所在地】美国马里兰州

【宗旨】致力于通过国际交流和知识交互，推动系统分析与模拟方法在生态学和自然资源管理中的应用。

【组织架构】设执行委员会

【会员类型】个人

【现任主席】Tarzan Legović（克）

【现任副主席】Guy Larocque（加）；Cosimo Solidoro（意）；陈彬（中）；Elkalay Khalid（摩）

【出版物】《生态建模》（Ecological Modelling）

【系列学术会议】两年举办一次 ISEM 全球大会（The International Society for Ecological Modelling Global Conference），2017 年在韩国济州岛举办，2019 年在奥地利萨尔茨堡举办。

【授予奖项】最佳青年学者论文奖(ISEM Best Young Researcher Paper Award)：表彰在 ISEM 主办期刊上发表优秀论文的作者。

【与中国的关系】北京师范大学环境学院陈彬教授现担任 ISEM 分管澳大利亚和亚洲区域事务的主席。2011 年，ISEM 全球大会在北京举办，由中国科学院地理科学与资源研究所、北京师范大学等机构联合承办。2013 年，低碳城市生态模拟国际研讨会暨 ISEM 亚太分会年会在北京大学举行。

【官方网站】http://www.isemworld.org/

9. 国际生态学协会

【英文全称和缩写】International Association for Ecology，INTECOL

【组织类型】国际非政府组织(INGO)

【成立时间】1967 年

【总部(或秘书处)所在地】秘书处现位于韩国首尔

【宗旨】促进生态学的发展，收集、评价和传播生态信息，培训科研人员，加强生态科学家之间的联络与国际合作，将生态学原理应用于解决全球性和区域性问题。

【组织架构】设大会、董事会、5 个委员会，分别是：战略规划委员会、科学与政策委员会、多样性与包容性委员会、沟通与会员委员会、会议联络委员会。

【会员类型】机构、个人(来自 70 余个国家的 3000 余人)

【会员机构】17 个机构，来自以下国家：*亚洲*：中、不；*欧洲*：西、意、英、捷、丹；*大洋洲*：澳；*北美洲*：美、加；*南美洲*：阿根、巴西、智

【现任主席】Shona Myers(新西)

【近十年主席】Alan P. Covich(美)

【出版物】《生态学》(Oecologia)

【系列学术会议周期】每四年召开一次国际生态学大会(International Congress of Ecology)。2013 年在英国伦敦召开，2017 年在中国北京召开，2022 年在瑞士日内瓦召开。

【经费来源】会员会费、会议注册费、国际生物科学联合会(IUBS)赞助

【与中国的关系】中国生态学学会是 INTECOL 会员。中国科学院院士傅伯杰曾于 2013－2017 年担任 INTECOL 副主席。2017 年 8 月，第 12 届国际生态学大会在中国北京召开。

【官方网站】https://intecol.online/

10. 国际水协会

【英文全称和缩写】International Water Association，IWA

【组织类型】国际非政府组织(INGO)

【成立时间】1999 年

【总部(或秘书处)所在地】英国伦敦

【宗旨】作为水资源领域最大的非政府组织，致力于推动可持续水资源管理的标准和最佳实践，以满足人类活动和生态系统的需求。

【组织架构】设董事会、战略委员会、10 个工作组(Task Groups)，包括：废水集中与分散管理组(Centralised and Decentralised Wastewater Management)、综合理化框架组(Generalized Physicochemical Framework)、土地利用与水质组(Land-use and Water Quality)、湿地处置利用组(Mainstreaming the Use of Treatment Wetlands)、膜生物反应器建模与控制组(Membrane Bioreactor Modelling and Control)、无收益间歇供水管理组(Non-Revenue Water Management for Intermittent Supplies)、基于性能的使用效率提高合同组(Performance Based Contracts for Improving Utility Efficiency)、降低废水处理厂温室气体排放的水质与过程模型应用组(The Use of Water Quality and Process Models for Minimizing Wastewater Utility Greenhouse Gas Footprints)、可持续发展目标工作组(Sustainable Development Goals Task Force)、元数据收集与组织组(Meta-Data Collection and Organization)。另外，还设有 50 个专家组(Specialist Groups)。

【会员类型】机构、个人(1 万余人)

【会员机构】140 余个国家的 500 多家企业、大学、科研机构

【现任主席】2021 年至今：Tom Mollenkopf(澳)

【近十年主席】2006－2010 年：David Garman(美)；2010－2014 年：Glen Daigger(美)；2014－2016 年：Michael Rouse(英)；2016－2021 年：Diane D'Arras(法)

【出版物】《水-水基础设施、生态系统与社会》(AQUA -Water Infrastructure, Ecosystems and Society)、《蓝绿系统》(Blue-Green Systems)、《水开放期刊》(H$_2$Open Journal)、《水文研究》(Hydrology Research)、《水文信息学杂志》(Journal of Hydroinformatics)、《水与气候变化杂志》(Journal of Water and Climate Change)、《水与健康杂志》(Journal of Water and Health)、《水、环境卫生与卫生学发展杂志》(Journal of Water, Sanitation and Hygiene for

Development)、《水利政策》(Water Policy)、《水利实践与技术》(Water Practice and Technology)、《水质量研究杂志》(Water Quality Research Journal)、《水回用》(Water Reuse)、《水科学技术》(Water Science & Technology)、《供水》(Water Supply)

【系列学术会议】两年举办一次世界水大会暨展览会(IWA World Water Congress & Exhibition),2016 年在澳大利亚布里斯班举办,2018 年在日本东京举办,2022 年在丹麦哥本哈根举办。2021 年 5 月,举办数字世界水大会(Digital World Water Congress)。

【授予奖项】全球水奖(IWA Global Water Award):表彰通过创新型的领导和实践活动推动在世界范围内实现水资源合理管理,并做出重要贡献的个人; IWA 水行业卓越女性奖(IWA Women in Water Award):表彰以优秀的领导能力为行业的发展做出积极贡献和产生重要影响的女性;青年领袖奖(IWA Young Leadership Award):表彰取得了重要成就的 35 岁以下的水资源领域专业人士;项目创新奖(IWA Project Innovation Awards):表彰水资源管理、学术研究、技术开发领域的杰出创新成果;职业发展奖(Professional Development Award):表彰为其员工的职业发展做出重大贡献的水行业企业,从而支持吸引和留住水行业的新一代领袖人才;会员奖(IWA Membership Awards):表彰对 IWA 的工作和水资源领域的发展做出杰出贡献的 IWA 会员;出版奖(IWA Publishing Award):表彰对 IWA 的出版工作做出杰出贡献的个人,可以是论文作者、IWA 的期刊编辑等;生物集群奖(IWA/ISME Bio Cluster Award):表彰在微生物生态学和水处理跨学科领域取得的杰出研究成果;发展奖(IWA Development Awards):表彰在水资源管理领域表现出杰出的领导力和创新力、推动了可持续发展的、来自中低收入国家的个人。以上奖项均两年颁发一次。

【经费来源】会费

【与中国的关系】IWA 亚太运营中心位于南京市建邺区贤坤路 1 号江岛科创中心。中国地质大学(武汉)、中国水环境集团有限公司、中国建筑集团有限公司等都是 IWA 会员机构。西安建筑科技大学王晓昌教授现任 IWA 董事会(Board of Directors)成员。2006 年,世界水大会暨展览会在中国北京举办。

【官方网站】https://iwa-network.org/

11. 国际水资源协会

【英文全称和缩写】International Water Resources Association,IWRA
【组织类型】国际非政府组织(INGO)

【成立时间】1971 年

【总部（或秘书处）所在地】美国威斯康星州麦迪逊

【宗旨】致力于通过促进国际跨学科教育、研究和交流，完善和拓展对水问题的理解。

【组织架构】设大会、执行委员会、6 个专业工作组（Task Forces），分别是：智慧水管理工作组（Smart Water Management）、水质工作组（Water Quality Task Force）、水安全工作组（Water Security Task Force）、水与气候变化工作组（Water & Climate Change Task Force）、早期从业者与青年专家工作组（Early Career and Young Professionals Task Force）、地下水工作组（Groundwater Task Force）。

【会员类型】机构、个人

【现任主席】2022－2024 年：李原园（中）

【现任副主席】2022－2024 年：Henning Bjornlund（澳）；Rabi Mohtar（黎）；Lesha Witmer（荷）

【近十年主席】2010－2012 年：夏军（中）；2012－2018 年：Patrick Lavarde（法）；2018－2022 年：Gabriel Eckstein（美）

【出版物】《国际水务》（Water International）

【系列学术会议】2～4 年举办一次世界水大会（World Water Congress），2008 年在法国蒙彼利埃举办，2011 年在巴西嘎林海斯港举办，2015 年在英国爱丁堡举办，2017 年在墨西哥坎昆举办，2021 年在韩国大邱举办。

【对外资助计划】设有教育基金（Toyoko and Hiroshi Hori Education Fund），向低收入国家的学者提供研究经费支持。

【授予奖项】水晶滴奖（Crystal Drop Award）：表彰对改善世界水资源形势做出杰出贡献的个人或组织，3 年颁发一次；周文德纪念奖（Ven Te Chow Memorial Award）：表彰在世界水大会上发表演讲的优秀演讲人，3 年颁发一次；水滴奖（Water Drop Award）：表彰在水领域做出创新性贡献的 35 岁以下的学生或处于早期职业生涯的专业人士；最佳论文奖（Water International Best Paper Award）：表彰在 IWRA 主办期刊上发表水资源管理方面的年度最佳论文，每年颁发一次。

【经费来源】会费

【与中国的关系】武汉大学夏军院士曾于 2003－2006 年担任 IWRA 副主席，2010－2012 年担任 IWRA 主席。水利部水利水电规划设计总院副院长李原园曾于 2019－2021 年担任 IWRA 副主席，2022－2024 年担任 IWRA 主席。为纪念 IWRA 的创始人及第一任主席华裔美国水文学家周文德，于 1988 年设立了周文德纪念奖。

【官方网站】https://www.iwra.org/

12．水科学与技术协会

【英文全称和缩写】Water Sciences and Technology Association，WSTA

【组织类型】国际非政府组织（INGO）

【成立时间】1987 年

【总部（或秘书处）所在地】巴林麦纳麦

【宗旨】作为海湾地区第一个水科学技术领域的组织，致力于推动区域水科技领域的合作和交流，并推动区域内各方共同制定相关技术标准。

【主要活动】发布与海湾地区水科技相关的各类数据信息。

【组织架构】设董事会

【会员类型】机构、个人

【现任主席】Abdulaziz S. Al-Turbak（沙特）

【现任副主席】Waleed Khalil Al-Zubari（巴林）

【系列学术会议】2～3 年举行一次海湾水大会（Gulf Water Conference），2017 年在巴林举行，2019 年在科威特举行，2021 年在沙特利雅得举行。

【经费来源】会费

【官方网站】https://wstagcc.org/

（六）生物学

1．国际山茶协会

【英文全称和缩写】International Camellia Society，ICS

【组织类型】国际非政府组织（INGO）

【成立时间】1962 年

【总部（或秘书处）所在地】秘书处现位于意大利

【宗旨】致力于推动与茶花相关的研究活动和国际交流。

【会员类型】机构、个人（1000 余人）

【现任主席】2022－2024 年：Gianmario Motta（意）

【现任副主席】2022－2024 年：Florence Crowder（美）；Stephen Utick（澳）；王仲朗（中）；Pilar Vela Fernández（西）

【近十年主席】管开云（中）

【出版物】《国际茶花杂志》（International Camellia Journal）

【系列学术会议】两年召开一次国际茶花大会

【对外资助计划】奥托莫-海登研究基金(Otomo-Haydon Research Fund)：资助茶花研究和保护活动。

【经费来源】会费、捐款

【与中国的关系】中国科学院昆明植物研究所管开云研究员曾于 2015 年当选 ICS 主席。广东阿婆六茶花谷、佛山市海景森林公园、浙江中国茶花文化园、浙江国际山茶物种园、湖北五脑山国家森林公园、云南大理玉洱园、昆明植物园、昆明金殿公园、南宁金花茶公园、重庆南山植物园、重庆万州西山公园被 ICS 认证为"国际杰出茶花园"。2003 年，第 16 届国际茶花大会在中国浙江召开。第 21 届、第 27 届、第 29 届国际茶花大会分别于 2008 年、2012 年、2016 年在中国云南召开。2021 年，中国科学院昆明植物研究所高级工程师王仲朗当选 ICS 副主席。

【官方网站】https://internationalcamellia.org/

2．国际纯粹与应用生物物理联合会

【英文全称和缩写】International Union for Pure and Applied Biophysics，IUPAB

【组织类型】国际非政府组织(INGO)

【成立时间】1961 年

【总部(或秘书处)所在地】在斯德哥尔摩成立，在法国注册。

【宗旨】促进生物物理学领域教育的发展，推动并组织生物物理学领域的国际交流与合作，促进生物物理学各领域与相关学科之间的交流，持续提升生物物理学对提升人类福祉的贡献度，鼓励代表生物物理学的社会各部门、相关社会组织之间的合作，增强公众对生物物理学的认同。

【组织架构】设理事会和执行委员会，下设 3 个工作组，分别为：生物物理大数据应用工作组(Task Force on the Use of Big Data in Biophysics)、教育和能力建设工作组(Task Force on Education & Capacity Building)、结构生物学工作组(Task Force on Structural Biology)。

【会员类型】机构

【会员机构】53 个机构，来自以下国家：*亚洲*：亚、阿塞、中、印、以、日、新、越、土；*欧洲*：奥、白、比、保、克、捷、丹、芬、法、德、希、匈、意、挪、波、葡、罗、俄、塞尔、斯、斯洛、西、瑞典、瑞士、荷、乌克兰、英；*非洲*：埃、南非；*大洋洲*：澳、新西；*北美洲*：加、美；*南美洲*：阿根、巴西、智、哥伦、乌、委。另有 3 个区域性组织会员，分别为：拉丁美洲生物物理学会联合会(Latin American Federation of Biophysical Societies)、亚洲生物物理协会(Asian Biophysics Association)、欧洲生物物理学会联合会(European Biophysical Societies Association)

【现任主席】2022－2025 年：Manuel Prieto(葡)

【近十年主席】2014－2017 年：饶子和(中)；2018－2021 年：Marcelo M. Morales(巴西)

【出版物】《生物物理学评论》(Biophysical Reviews)

【系列学术会议】3 年召开一次 IUPAB 大会(IUPAB Congress)。2017 年在英国爱丁堡召开第 19 届大会，2021 年在线上召开第 20 届大会。

【对外资助计划】IUPAB 助学金(IUPAB Bursaries)：资助青年科学家参与国际交流。

【授予奖项】Avanti Polar Lipids-IUPAB 奖(Avanti Polar Lipids/IUPAB Medal and Prize)：表彰对生物物理学做出杰出贡献的个人，3 年颁发一次；IUPAB 青年研究员奖(IUPAB Young Investigator Prize)：表彰对生物物理学做出杰出贡献，且取得博士学位不满 12 年的青年学者。

【经费来源】会费

【与中国的关系】清华大学饶子和教授曾任 IUPAB 主席，现任 IUPAB 执行委员会成员。1984 年 7 月，中国生物物理学会正式加入 IUPAB。

【官方网站】http://iupab.org/

3. 国际动物学会

【英文全称和缩写】International Society of Zoological Sciences，ISZS

【组织类型】国际非政府组织(INGO)

【成立时间】2004 年

【总部(或秘书处)所在地】秘书处位于中国北京中国科学院动物研究所

【宗旨】致力于通过促进动物学科研人员和机构间的交流、研究资源共享、合作研究等方式推动动物学的发展。

【组织架构】设执行委员会、顾问委员会

【会员类型】机构、个人(1000 余人)

【会员机构】123 个机构，来自以下国家：*亚洲*：印、中、巴、泰、柬、印、孟、蒙、伊朗、新、马、菲、日；*欧洲*：俄、德、希、瑞士、英、法；*非洲*：埃塞、埃、苏、南非、贝、马里、坦桑、南非；*北美洲*：古、美、墨；*南美洲*：巴西、圭、乌、阿根

【现任主席】2019 年至今：Nils Chr. Stenseth（挪）

【现任副主席】2019 年至今：Sarita Maree（南非）

【近十年主席】2008－2012 年：Jean-Marc Jallon（法）；2013－2019 年：张知彬（中）

【出版物】《整合动物学》（Integrative Zoology）

【系列学术会议】4 年召开一次国际动物学大会（International Congresses of Zoology），会议规模约 1000 人，2012 年在以色列海法召开第 21 届大会，2016 年在日本冲绳召开第 22 届大会，2020 年在南非开普敦召开第 23 届大会（线上）。每年召开一次整合动物学国际研讨会（International Symposium of Integrative Zoology），会议规模约 100 至 300 人，从 2006 年第 1 届到 2018 年第 10 届研讨会都在中国举行，2019 年在新西兰奥克兰召开第 11 届研讨会。

【授予奖项】青年科学家奖（Young Scientist Award）、杰出贡献奖（Outstanding Contribution Award）

【经费来源】会费

【与中国的关系】ISZS 是首个隶属于中国科协和中国科学院，并在中国民政部登记注册的动物学国际组织，ISZS 秘书处挂靠在中国科学院动物研究所。中国科学院院士陈宜瑜现担任 ISZS 名誉主席。中国科学院动物研究所张知彬研究员曾于 2013 年当选 ISZS 主席，现担任 ISZS 执行董事。中国科学院动物研究所副研究员解焱曾于 2004－2013 年担任 ISZS 秘书长，现担任 ISZS 顾问委员会成员。中国科学院动物研究所韩春绪研究员现担任 ISZS 秘书长。2004 年，在北京召开第 19 届国际动物学大会。第 1、2、3、5、6、10 届整合动物学国际研讨会分别于 2006、2007、2009、2013、2014、2018 年在北京举办，第 4 届于 2010 年在昆明举办，第 7 届于 2015 年在西安举办，第 8 届于 2016 年在内蒙古锡林浩特举办，第 9 届于 2017 年在青海西宁举办。

【官方网站】http://www.globalzoology.org.cn/

4. 国际毒理学联合会

【英文全称和缩写】International Union of Toxicology，IUTOX

【组织类型】国际非政府组织（INGO）

【成立时间】1980 年

【总部（或秘书处）所在地】美国弗吉尼亚州雷斯顿

【宗旨】致力于拓展人类对毒理学的理解，促进发展中国家相关认识水平的提高。

【组织架构】设理事会、执行委员会、科学委员会、财务委员会、联络委员会、教育委员会

【会员类型】机构

【会员机构】55 个机构，来自以下国家：*亚洲*：中、伊朗、以、日、韩、马、尼、印、泰、新、土；*欧洲*：奥、英、保、克、丹、爱沙、芬、法、波黑、德、希、爱、意、荷、挪、波、葡、俄、塞尔、斯洛、匈、西、瑞典、瑞士、乌克兰；*非洲*：埃、尼日、南非；*大洋洲*：澳；*北美洲*：美、墨、加；*南美洲*：阿根、巴西、哥伦、智。另有 5 个国际组织会员：欧洲毒物中心和临床毒理学家协会（European Association of Poison Centres and Clinical Toxicologists）、欧洲毒理学家和欧洲毒理学会联合会（EUROTOX）、亚洲毒理学会（Asian Society of Toxicology）、国际神经毒理学协会（International Neurotoxicology Association）、拉丁美洲毒理学协会（Latin American Association of Toxicology）

【现任主席】2023 年至今：José Manautou（美）

【近十年主席】2016－2019 年：Jun Kanno（日）；2019－2022 年：Peter N. Di Marco（澳）

【系列学术会议】3 年召开一次国际毒理学大会（International Congress on Toxicology），2013 年在韩国首尔召开，2016 年在墨西哥梅里达召开，2019 年在美国夏威夷召开，2022 年在荷兰马斯特里赫特召开。3 年召开一次发展中国家毒理学大会（Congress of Toxicology in Developing Countries），2015 年在巴西纳塔尔召开第 9 届大会，2018 年在塞尔维亚贝尔格莱德召开第 10 届大会，2021 年 6 月在马来西亚吉隆坡召开第 11 届大会。

【对外资助计划】全球高级学者交流计划（Global Senior Scholar Exchange Program）：资助发展中国家的处于职业中期发展阶段或资深科研人员与来自全球的毒理学领域专业人士进行交流合作；差旅奖（Travel Award）：向发展中国家的科研人员提供差旅费和免收会议注册费；国际毒理学家对外联络资助项目（International ToxScholar Outreach Grants）：资助各国毒理学家访问发展中国家的科研机构、与本科生和研究生的交流。

【授予奖项】IUTOX 优异奖（IUTOX Merit Award）：表彰对国际毒理学界做出长期杰出贡献的个人，3 年颁发一次。

【经费来源】会员会费

【与中国的关系】中国毒理学学会是 IUTOX 的机构会员。中国国家上海新药安全评价研究中心（暨上海益诺思生物技术有限公司）副总裁付立杰现担任 IUTOX 执行委员会委员。

【官方网站】https://www.iutox.org/index.asp

5. 国际古生物协会

【英文全称和缩写】International Palaeontological Association，IPA

【组织类型】国际非政府组织(INGO)

【成立时间】1933 年

【总部(或秘书处)所在地】秘书处现位于中国科学院南京地质古生物研究所

【宗旨】致力于促进、协调包括所有地质时期的古植物学、古动物学在内的古生物学国际合作和知识整合。

【组织架构】设大会、理事会、执行委员会

【会员类型】机构、个人

【会员机构】17 个机构，来自以下国家：*亚洲*：中、日、印、伊朗；*欧洲*：捷、波、法、西、瑞士、英、意；*大洋洲*：新西；*北美洲*：美

【现任主席】2018 年至今：Sylvie Crasquin(法)

【现任副主席】2018 年至今：Beatriz Waisfeld(阿根)；James Crampton(新西)；Khadija El Hariri(摩)；Tatsuo Oji(日)；Roger Thomas(美)

【近十年主席】2010－2014 年：Michael J. Benton(美)；2014－2018 年：周忠和(中)

【出版物】《化石世界》(Lethaia)、《远古世界》(Palaeoworld)

【系列学术会议】4 年召开一次国际古生物学大会(International Palaeontological Congress)，2010 年在英国伦敦召开第 3 届大会，2014 年在阿根廷门多萨召开第 4 届大会，2018 年在法国巴黎召开第 5 届大会，2022 年在泰国孔敬召开第 6 届大会。

【经费来源】会费

【与中国的关系】中国古生物学会于 1979 年成为 IPA 正式会员。中国科学院古脊椎与古人类研究所张弥曼院士曾于 1992－1996 年担任 IPA 主席。云南大学侯先光教授曾于 2006－2010 年担任 IPA 副主席。中国科学院古脊椎与古人类研究所周忠和院士曾担任 IPA 副主席(2010－2014 年)、IPA 主席(2014－2018 年)。中国科学院南京地质古生物研究所杨群研究员曾担任 IPA 执委会主席(2002－2006 年)，并两次担任 IPA 执委(2006－2010 年、2014－2018 年)。中国科学院南京地质古生物研究所戎嘉余院士曾于 2002－2010 年担任 IPA 科学委员会成员。目前 IPA 秘书处位于中国科学院南京地质古生物研究所，该所詹仁斌研究员现担任 IPA 秘书长。2006 年 6 月，第 2 届国际古生物学大会在北京举行。

【官方网站】http://www.ipa-assoc.com/

6. 国际谷物科学与技术协会

【英文全称和缩写】International Association for Cereal Science and Technology，ICC（为原名 International Association for Cereal Chemistry 的缩写）

【组织类型】国际非政府组织（INGO）

【成立时间】1955 年

【总部（或秘书处）所在地】奥地利维也纳

【宗旨】致力于促进谷物科技的进步，推动谷物科技相关检测方法的研发、评估、标准化。

【主要活动】作为联合国粮食及农业组织（FAO）、国际标准化组织（ISO）、联合国工业发展组织（UNIDO）的独立专业小组，制定各类谷物质量评估与安全相关的国际标准。

【组织架构】设有全体大会、执行委员会、管理委员会、技术委员会

【会员类型】国家、机构、个人

【会员国】*亚洲*：中、日、黎、土；*欧洲*：奥、比、克、法、德、爱、意、荷、罗、瑞士、英；*大洋洲*：澳、新西；*北美洲*：美

【现任主席】2022－2023 年：Gerhard Schleining（奥）

【近十年主席】2014－2016 年：王凤成（中）；2016－2018 年：Hamit Köksel（土）；2019－2021 年：Charles Brennan（新西）

【出版物】《谷物科学杂志》（Journal of Cereal Science）

【例会周期】每两年一次全体代表大会

【系列学术会议】每 4 年召开一次国际谷物与面包大会（ICC Cereal and Bread Congress），2016 年第 15 届在土耳其伊斯坦布尔举办，2021 年第 16 届在线上举行。

【授予奖项】克莱德·H·贝利奖章（Clyde H. Bailey Medal）：表彰在谷物科技领域拥有杰出成就的个人，每 4 年颁发一次；弗里德里希·施韦泽奖章（Friedrich Schweitzer Medal）：表彰为 ICC 的目标和理想做出杰出贡献的个人，每年颁发一次；哈拉尔德·波通奖（Harald Perten Prize）：表彰和奖励在谷物科技，特别是淀粉、麸质和酶的应用相关的科学研究、教学或知识传播方面有杰出成就的个人，每两年颁发一次。

【经费来源】会员会费、捐赠、通过研究活动、会议、培训班、出版物销售收入

【与中国的关系】中国于 1990 年加入 ICC。河南工业大学王凤成教授曾于 2012 年获弗里德里希·施韦泽奖章，曾于 2015－2016 年担任 ICC 主席，现任 ICC 技术委员会委员。武汉理工大学丁文平教授现任 ICC 技术委员会委员。2012 年，第 14 届国际谷物与面包大会暨国际油料与油脂科技发展论坛在北京召开。2017 年，第 1 届 ICC 亚太区粮食科技大会在厦门举办。2019 年，第 2 届 ICC 亚太区粮食科技大会在天津市举办。

【官方网站】https://icc.or.at/

7. 国际光合作用协会

【英文全称和缩写】International Society of Photosynthesis Research，ISPR

【组织类型】国际非政府组织(INGO)

【成立时间】1995 年

【总部(或秘书处)所在地】秘书处不固定，随现任秘书长迁移

【宗旨】推动光合作用研究在全球的发展与应用，促进光合作用研究和教育方面的国际合作。

【组织架构】设执行委员会

【会员类型】个人

【现任主席】2023－2026 年：Roberta Croce(荷)

【近十年主席】2011－2013 年：Bill Rutherford(英)；2014－2016 年：Richard Cogdell(英)；2017－2022 年：Wim Vermaas(美)

【系列学术会议】每三年召开一次国际光合作用大会，规模约 1000 人。

【授予奖项】罗宾·希尔奖(Robin Hill Award)：表彰 40 岁以下或取得博士学位不满 10 年的青年科学家在光合作用的物理过程领域取得的研究成果；梅尔文·卡尔文-安德鲁·本森奖(Melvin Calvin-Andrew Benson Award)：表彰 40 岁以下或取得博士学位不满 10 年的青年科学家在光合作用的代谢与细胞领域取得的研究成果；ISPR 终身成就奖(ISPR Lifetime Achievement Award)：表彰满 60 岁的 ISPR 终身会员为光合作用研究做出的贡献；ISPR 传播奖(ISPR Communication Award)：表彰对光合作用相关交流和推广服务做出贡献的个人；ISPR 创新奖(ISPR Innovation Award)：表彰推动光合作用研究成果转化并使社会受益的个人；扬·安德森演讲奖(Jan Anderson Lecture Award)：鼓励和资助学者参加国际会议，并宣传和交流自己的研究成果。

【经费来源】会员费、个人或组织捐赠、学术出版商和相关企业赞助

【与中国的关系】中国科学院植物研究所匡廷云院士曾于 1998 年当选为

ISPR 执行委员会委员，并于 2019 年获得 ISPR 第 10 届国际光合作用及氢能研究可持续发展大会"杰出成就奖"。2010 年 8 月，第十五届国际光合作用大会在中国北京召开，由中国科学院植物研究所、ISPR 联合主办。2018 年 8 月，光合作用合成生物学国际学术研讨会在中国上海举办。2018 年 8 月，第一届亚洲-大洋洲国际光合作用大会在北京召开，由中国植物生理与植物分子生物学学会光合作用专业委员会、ISPR 共联合主办，中国科学院植物研究所承办。

【官方网站】http://photosynthesisresearch.org/

8. 国际鸟类学家联合会

【英文全称和缩写】International Ornithologists' Union，IOU

【组织类型】国际非政府组织(INGO)

【成立时间】1884 年

【总部(或秘书处)所在地】美国巴吞鲁日

【宗旨】致力于推动鸟类学的国际交流与合作研究。

【组织架构】设理事会和 7 个专业工作组，分别为鸟类清单工作组(Working Group Avian Checklists)、亚洲鸟类学工作组(Working Group on Asian Ornithology)、鸟类形态学工作组(Working Group Avian Morphology)、鸟类命名工作组(Working Group on Avian Nomenclature)、鸟类标记工作组(IOU Working Group on Bird Marking)、鸟类学伦理工作组(Working Group Ethics in Ornithology)、冈瓦纳鸟类学工作组(Working Group Gondwanan Ornithology)。

【会员类型】机构、个人

【现任主席】2022－2026 年：雷富民(中)

【现任副主席】2022－2026 年：Juan Carlos Reboreda(阿根)

【近十年主席】2010－2014 年：Franz Bairlein(德)；2014－2018 年：Lucia Liu Severinghaus(中国台湾)；2018－2022 年：Dominique G. Homberger(美)

【系列学术会议】4 年召开一次国际鸟类学大会(International Ornithological Congresses)，2010 年在巴西坎普斯-杜若尔当召开第 25 届大会，2014 年在日本东京召开第 26 届大会，2018 年在加拿大温哥华召开第 27 届大会，2022 年在线上召开第 28 届大会。

【对外资助计划】沃尔特·博克差旅奖学金(Walter J. Bock Travel Fellowship)：为世界各国的鸟类学家提供差旅经费，以支持他们参加国际鸟类学大会。

【经费来源】会费、捐款

【与中国的关系】中国科学院动物研究所雷富民研究员曾于 2014－2022 年担任 IOU 副主席，2022－2026 年担任 IOU 主席。2002 年，第 23 届国际鸟类学大会在北京召开。

【官方网站】https://internationalornithology.org/

9. 国际生物防治组织

【英文全称和缩写】International Organisation for Biological Control，IOBC

【组织类型】国际非政府组织（INGO）

【成立时间】1955 年

【总部（或秘书处）所在地】瑞士苏黎世

【宗旨】作为国际科学理事会的成员和国际生物科学联合会的生物防控分支机构，致力于防控各类病害虫，以保障环境安全。

【组织架构】设大会、理事会、执行委员会，设 6 个区域分部，分别为：亚太区域分部（Asia and the Pacific Regional Section）、非洲热带区域分部（African Tropical Regional Section）、东古北区区域分部（East Palearctic Regional Section）、新北区区域分部（Nearctic Regional Section）、新热带区域分部（Neotropical Regional Section）、西古北区区域分部（West Palearctic Regional Section），另设多个工作组（Working Groups）。

【会员类型】机构、个人

【现任主席】2020－2024 年：Martin Hill（南非）；高玉林（中）

【现任副主席】2020－2024 年：Ronny Groenteman（新西）

【近十年主席】2012－2016 年：Barbara Barratt；2016－2020 年：Heimpel George

【出版物】《生物防治》（BioControl）

【例会周期】4 年召开一次大会，两年召开一次理事会会议。

【经费来源】会费、捐款、办会收入、办刊收入

【与中国的关系】中国科学院武汉植物园丁建清研究员曾于 2006－2016 年担任 IOBC 副主席。中国农业科学院植物保护研究所高玉林研究员于 2020－2024 年担任 IOBC 主席。2021 年 1 月，IOBC 正式成立马铃薯等茄科作物害虫生物防治国际工作组（IOBC-BiCoSol），由中国农业科学院植物保护研究所高玉林研究员牵头组建，浙江大学昆虫科学研究所周文武研究员、荷兰瓦赫宁根大学 Joop Van Lenteren 院士、秘鲁拉莫林国立农业大学 Norma Mujica 教授担任共

同召集人,是首个由我国学者牵头召集的 IOBC 国际工作组。2018 年 5 月,由中国农业科学院、中国植物保护学会、IOBC 共同主办,中国农业科学院植物保护研究所、生物农药与生物防治产业技术创新战略联盟等单位联合承办的第一届国际生物防治大会在北京召开。

【官方网站】https://www.iobc-global.org/

10. 国际生物化学与分子生物学联盟

【英文全称和缩写】International Union of Biochemistry and Molecular Biology,IUBMB

【组织类型】国际非政府组织(INGO)

【成立时间】1949 年

【总部(或秘书处)所在地】荷兰阿姆斯特丹

【宗旨】致力于推动分子生命科学领域中的国际交流合作,促进科学价值观、科学标准和科学伦理规范的普及。

【组织架构】设大会、执行委员会,下设教育培训、奖学金、会议、提名、命名、出版、联合生物化学命名委员会等多个委员会。

【会员类型】机构

【会员机构】来自以下国家:*亚洲*:中、印、伊朗、以、日、朝、马、巴、土、斯里、哈、菲、新、泰、亚、孟、缅、尼、格、印尼、越;*欧洲*:比、英、保、挪、克、捷、芬、瑞典、德、希、匈、塞尔、斯洛、爱、意、波、丹、俄、瑞士、斯、西、葡、法、乌克兰、爱沙、拉、立、摩尔、白、塞、冰、罗;*非洲*:埃、尼日、摩、南非、贝、喀、多、突、赞、肯、津;*大洋洲*:澳、新西;*北美洲*:美、加、墨、巴拿、古;*南美洲*:智、阿根、巴西、乌、秘、玻

【现任主席】2020—2023 年:Alexandra Newton(美)

【近十年主席】2014—2017 年:Joan J. Guinovart(西);2017—2020 年:Andrew H.-J. Wang(中国台湾)

【出版物】《IUBMB:生命》(IUBMB Life)、《生物技术与应用生物化学》(Biotechnology and Applied Biochemistry)、《生物因子》(BioFactors)、《生物化学趋势》(Trends in Biochemical Sciences)、《生物化学与分子生物教育》(Biochemistry and Molecular Biology Education)

【系列学术会议】3 年召开一次国际生物化学与分子生物学大会(International Congress of Biochemistry and Molecular Biology)。

【授予奖项】卫兰青年研究员奖(Whelan Young Investigator Award):表彰获

得博士学位不满 10 年的杰出青年科研人员，3 年颁发一次；杰出服务奖
（Distinguished Service Award）：表彰对 IUBMB 的工作做出杰出贡献的生物化学
家和分子生物学家；艾德·伍德演讲奖（Ed Wood Lecture Award）：表彰对推动
生物化学和分子生物学教育做出杰出贡献的个人。

【与中国的关系】2009 年 8 月，第 21 届国际生物化学与分子生物学大会在
上海召开。中国台湾"中央研究院"生物化学研究所王惠钧曾于 2017－2020
年担任 IUBMB 执行委员会主席；北京大学昌增益教授于 2020－2023 年担任
IUBMB 执行委员会委员、出版委员会和命名委员会主席。

【官方网站】https://iubmb.org/

11. 国际生物科学联合会

【英文全称和缩写】International Union of Biological Sciences，IUBS

【组织类型】国际非政府组织（INGO）

【成立时间】1919 年

【总部（或秘书处）所在地】秘书处现位于法国巴黎

【宗旨】作为国际科学理事会（ISC）成员之一，致力于为生物科学领域的科
学家提供国际交流与合作的平台。

【组织架构】设大会、执行委员会

【会员类型】机构

【会员机构】31 个机构，来自以下国家：*亚洲*：孟、中、印、以、日、沙特、
新、蒙、新、印；*欧洲*：比、丹、芬、德、匈、挪、罗、俄、斯、西、瑞典、瑞
士、英、荷、比、法、波、意；*非洲*：埃、南非、乌干；*大洋洲*：澳、新西；*北
美洲*：墨、美；*南美洲*：智、厄、秘、乌、巴西。另有约 80 个国际组织会员：
生物多样性信息标准组织（Biodiversity Information Standards）、生物教育委员会
（Commission on Biological Education）、国际植物传粉者关系委员会（International
Commission for Plant-Pollinator Relationships）、国际栽培植物命名委员会
（International Commission for the Nomenclature of Cultivated Plants）、国际生物指
标委员会（International Commission on Bioindicators）、国际小比例尺植被制图委
员会（International Commission on Small Scale Vegetation Mapping）、国际真菌分
类委员会（International Commission on the Taxonomy of Fungi）、国际动物命名法
委员会（International Commission on Zoological Nomenclature）、国际药用和芳香
植物理事会（International Council for Medicinal and Aromatic Plants）、国际行为学
家理事会 （International Council of Ethologists）、国际细胞应激学会（Cell Stress

Society International)、人类生物学协会(Human Biology Association)、国际大气生物学协会(International Association for Aerobiology)、国际生物海洋学协会(International Association for Biological Oceanography)、国际生态学协会(International Association for Ecology)、国际植物生理学协会(International Association for Plant Physiology)、国际植物分类学会(International Association for Plant Taxonomy)、国际辐射研究协会(International Association for Radiation Research)、国际植物保护科学协会(International Association for the Plant Protection Sciences)、国际植物园协会(International Association of Botanic Gardens)、国际植物学会与真菌学会联合会(International Association of Botanical and Mycological Societies)、国际环境诱变和基因组学会联合会(International Association of Environmental Mutagenesis and Genomics Societies)、国际地衣学家协会(International Association of Lichenologists)、国际植物有性生殖研究协会(International Association of Sexual Plant Reproduction Research)、国际蜜蜂研究协会(International Bee Research Association)、国际生物统计学会(International Biometric Society)、国际苔藓动物协会(International Bryozoology Association)、国际细胞生物学联合会(International Federation for Cell Biology)、国际哺乳动物学家联合会(International Federation of Mammalogists)、国际孢粉学会联合会(International Federation of Palynological Societies)、国际组织化学与细胞化学学会联合会(International Federation of Societies for Histochemistry and Cytochemistry)、国际遗传学联合会(International Genetics Federation)、国际真菌学协会(International Mycological Association)、国际古植物学协会(International Organisation of Palaeobotany)、国际生物防治组织(International Organization for Biological Control)、国际植物信息组织 (International Organization for Plant Information)、国际多肉植物研究组织 (International Organization for Succulent Plant Study)、国际鸟类学家联合会(International Ornithologists' Union)、国际古生物协会(International Palaeontological Association)、国际心理学会(International Phycological Society)、国际多毛动物协会(International Polychaetology Association)、国际灵长类学会(International Primatological Society)、国际种子检验协会(International Seed Testing Association)、国际动物遗传学学会(International Society for Animal Genetics)、国际园艺科学学会(International Society for Horticultural Science)、国际微生物生态学学会(International Society for Microbial Ecology)、国际蘑菇科学学会(International Society for Mushroom Science)、国际系统发育命名学会(International Society for Phylogenetic

Nomenclature)、国际植物病理学会(International Society for Plant Pathology)、国际热带块根类作物学会(International Society for Tropical Root Crops)、国际蛛形学会(International Society of Arachnology)、国际生物气象学协会(International Society of Biometeorology)、国际发育与比较免疫学会(International Society of Developmental and Comparative Immunology)、国际发育生物学家学会(International Society of Developmental Biologists)、国际硅藻研究学会(International Society for Diatom Research)、国际环境植物学家学会(International Society of Environmental Botanists)、国际无脊椎动物繁殖与发育学会(International Society of Invertebrate Reproduction and Development)、国际湖沼学会(International Society of Limnology)、国际原生生物学家学会(International Society of Protistologists)、国际脊椎动物形态学学会(International Society of Vertebrate Morphology)、国际动物学会(International Society of Zoological Sciences)、国际社会性昆虫研究联合会(International Union for the Study of Social Insects)、国际光生物学联合会(International Union of Photobiology)、国际网状内皮学会联合会(International Union of Reticuloendothelial Societies)、国际土壤学联合会(International Union of Soil Sciences)、无脊椎动物病理学学会(Society for Invertebrate Pathology)、世界培养物保藏联盟(World Federation for Culture Collections)、世界寄生虫学家联合会(World Federation of Parasitologists)、国际无脊椎动物调查委员会(International Commission for Invertebrate Survey)、非洲自然资源保护者联盟(African Union of Conservationists)、欧洲生物分类设施联合会(Consortium for European Taxonomic Facilities)、欧洲科学编辑技能协会(European Association of Science Editors Skills)、欧洲鱼类学会(European Ichthyological Society)、欧洲比较内分泌学会(European Society for Comparative Endocrinology)、欧洲比较皮肤生物学学会(European Society for Comparative Skin Biology)、欧洲进化生物学学会(European Society for Evolutionary Biology)、欧洲线虫学家学会(European Society of Nematologists)、地中海地区植物分类学调查组织(Organization for the Phyto-Taxonomic Investigation of the Mediterranean Area)

【现任主席】2019 年至今：L.S. Shashidhara(印)

【现任副主席】2019 年至今：康乐(中)

【近十年主席】2012－2015 年：Nils Chr. Stenseth(挪)；2015－2019 年：Hiroyuki Takeda(日)

【出版物】《国际生物杂志》(Biology International)

【系列学术会议】4 年召开一次 IUBS 会员大会，2015 年第 32 届大会在德国柏林召开，2019 年第 33 届大会在挪威奥斯陆召开，2023 年第 34 届大会在日本东京召开。

【对外资助计划】科学计划(Scientific Programmes)：针对生物科学领域的全球重要议题，促进和协调国际科技合作研究，使各国的参与方受益，每个项目通常为期 3 年；青年科学家资助项目(Young Scientist Grant)：资助各国青年科学家参与 IUBS 举办的研讨会、论坛等活动。

【授予奖项】杰出贡献奖(IUBS Award)：表彰对 IUBS 发展做出重要贡献的科学家。

【经费来源】会费、国际科学理事会(ISC)资助

【与中国的关系】中国科协是 IUBS 会员。中国科学院动物研究所康乐院士于 2019 年当选 IUBS 副主席。2019 年，中国科学院动物研究所张知彬研究员获 IUBS 杰出贡献奖，以表彰他为推进全球气候变化生物学效应国际科学计划做出的突出贡献。

【官方网站】http://www.iubs.org/

12. 国际食品科学技术联盟

【英文全称和缩写】International Union of Food Science & Technology，IUFoST

【组织类型】国际非政府组织(INGO)

【成立时间】1970 年

【总部(或秘书处)所在地】秘书处位于加拿大安大略省圭尔夫市

【宗旨】致力于促进国际食品科学合作与交流，向食品科学家和技术人员提供教育和培训机会，提高相关人员职业素养和专业组织的发展。

【组织架构】设理事会。1997 年，成立国际食品科学院(International Academy of Food Science and Technology, IAFoST)，由食品科技领域的杰出专家组成，作为 IUFoST 的技术咨询机构。

【会员类型】机构

【会员机构】来自 75 个国家和地区的政府机构、科研机构、企业、非政府组织

【现任主席】2022－2024 年：Aman Wirakartakusumah(印尼)

【候选主席】2022－2024 年：Samuel Godefroy(加)

【近十年主席】2012－2014 年：饶平凡(中)；2014－2016 年：Rickey

Yada（加）；2016－2018 年：Dietrich Knorr（奥）；2018－2020 年：Mary K. Schmidl（美）；2020－2022 年：Vish Prakash（印）

【出版物】《自然合作期刊-食品科学》（npj Science of Food）、《食品科技趋势》（Trends in Food Science & Technology）、《食品控制》（Food Control）、《国际食品研究》（Food Research International）、《食品科学与技术》（Food Science and Technology）

【系列学术会议】每两年举办一次世界食品科技大会（World Congresses of Food Science and Technology），2018 年在印度孟买举办，2020 年在新西兰奥克兰举办，2022 年在新加坡举办。

【对外资助计划】IUFoST 访问学者计划：由 IUFoST 支付旅行费用，接收机构支付住宿和生活费用；远程协助培训计划：主要面向从事食品种植、制造、处理和销售的未接受过食品科学技术专业训练的人员。IUFoST 还开设了食品科学技术领域的 13 种专业课程，涉及食品安全、食品卫生、食品法律、人类营养等。

【授予奖项】青年学者奖（Young Researcher Awards）：表彰食品科学技术领域崭露头角并可能成长为未来全球食品科技领军人物的青年科学家；终身成就奖（Lifetime Achievement Award）：表彰在其职业生涯中对食品科技领域做出杰出贡献的个人。

【经费来源】会员会费

【与中国的关系】中国食品科学技术学会于 1984 年 9 月成为 IUFoST 正式成员，是中国食品科技界的唯一代表。福州大学饶平凡教授曾于 2012－2014 年担任 IUFoST 主席。2008 年，第 14 届世界食品科技大会在上海举办。

【官方网站】https://iufost.org/

13. 国际实验动物科学理事会

【英文全称和缩写】International Council for Laboratory Animal Science，ICLAS

【组织类型】国际非政府组织（INGO）

【成立时间】1956 年

【总部（或秘书处）所在地】比利时布鲁塞尔

【宗旨】致力于通过在全球范围内促进对实验动物的伦理关怀和使用，促进人类和动物健康。

【组织架构】设大会、管理委员会，以及亚洲、欧洲、非洲、大洋洲、美洲区域委员会，另下设 3 个附属的国际组织：亚洲实验动物科学协会联合会、南美洲实验动物科学协会联合会、欧洲实验动物科学协会联合会。

【会员类型】机构

【会员机构】来自以下国家：*亚洲*：中、日、韩、印、伊朗、斯里、菲、泰、马、格；*欧洲*：奥、法、意、芬、德、匈、爱、波、西、瑞典、俄；*非洲*：阿尔、埃、突、南非；*大洋洲*：澳、新西；*北美洲*：美、加、危、古；*南美洲*：阿根、智、哥伦、乌、秘、巴西。另有 3 个国际组织会员：国际生理科学联合会（IUPS）、国际基础与临床药理学联合会（IUPHAR）、国际免疫学会联合会（IUIS）。

【现任主席】Cynthia Pekow（美）

【现任副主席】Atsushi Iriki（日）

【出版物】《涉及动物的生物医学研究国际指导原则》（CIOMS-ICLAS International Guiding Principles for Biomedical Research Involving Animals）、《统一动物研究报告原则》（Harmonized Animal Research Reporting Principles）等。

【例会周期】4 年召开一届大会，每年召开一次管理委员会会议

【授予奖项】米尔博克-野村奖（Mühlbock-Nomura Award）：表彰在遗传和微生物学领域对高效发挥试验动物价值做出杰出贡献的科学家，4 年颁发一次；班纳特·J·科恩奖（Bennet J Cohen Award）：表彰在研究、教育和试验中对实验动物的减少使用或替代做出杰出贡献的个人，4 年颁发一次。

【经费来源】会费、捐款

【与中国的关系】中国实验动物学会是 ICLAS 正式会员。

【官方网站】https://iclas.org/

14. 国际细胞生物学联合会

【英文全称和缩写】International Federation for Cell Biology，IFCB

【组织类型】国际非政府组织（INGO）

【成立时间】1972 年

【总部（或秘书处）所在地】秘书处位于巴西坎皮纳斯

【宗旨】为细胞生物学各分支学科的进步做出贡献，促进该领域内的国际合作。

【组织架构】设大会和执行委员会。

【会员类型】机构

【会员机构】17 个会员机构，来自以下国家：*亚洲*：中、印、伊朗、日、

韩；*欧洲*：英、西、乌克兰、法、捷、荷；*大洋洲*：澳、新西；*北美洲*：美、加、墨；*南美洲*：巴西。另有 4 个国际组织会员：非洲细胞生物学会（African Society for Cell Biology）、亚太细胞生物学组织（Asian Pacific Organization for Cell Biology）、欧洲细胞生物学组织（European Organization for Cell Biology）、伊比利亚美洲细胞生物学会（Ibero-American Society for Cell Biology）。

【现任主席】陈瑞华（中）

【现任副主席】Chao Yun Irene Yan（巴西）；Laura Mascaraque（西）；Patrick Kobina Arthur（加纳）；Luis Felipe Jiménez García（墨）；陈晔光（中）

【近十年主席】Denys Wheatley（英）；Nobutaka Hirokawa（日）

【出版物】《国际细胞生物学》（Cell Biology International）

【系列学术会议】每 2～4 年召开一届国际细胞生物学大会，2018 年召开了第 13 届国际细胞生物学大会。

【经费来源】会员会费

【与中国的关系】1984 年，中国细胞生物学会成为 IFCB 的机构会员。中国科学院生物物理研究所张宏研究员曾担任 IFCB 副主席。台湾大学陈瑞华现担任 IFCB 主席，中国科学院院士陈晔光现担 IFCB 副主席。

【官方网站】http://www.ifcbiol.com/

15. 国际微生物学会联合会

【英文全称和缩写】International Union of Microbiological Societies，IUMS

【组织类型】国际非政府组织（INGO）

【成立时间】1927 年

【总部（或秘书处）所在地】荷兰

【宗旨】作为国际科学理事会（ISC）成员之一，IUMS 致力于促进对微生物学的研究和知识资源的科学利用，特别是在生物安全领域倡导全人类开展合乎伦理的研究与培训活动，防止将微生物用作生物武器，保护公众健康并促进世界和平。

【组织架构】设大会、执行委员会、公共政策委员会，下设 3 个专业学部，分别为：细菌学与应用微生物学部、真菌学与真核微生物学部、病毒学部。

【会员类型】机构

【会员机构】来自以下国家：*亚洲*：中、印、印尼、以、日、菲、新、泰、土、亚、孟、格、朝、科、马、尼、沙特、乌兹、越；*欧洲*：奥、比、英、保、瑞典、芬、克、捷、丹、德、爱沙、希、匈、斯洛、意、拉、北、挪、荷、波、俄、瑞士、西、葡、罗、法；*非洲*：喀、加纳、埃、尼日、南非、突；*大洋洲*：

澳、新西；*北美洲*：美、加、墨、海；*南美洲*：智、秘、阿根、巴西、乌

【现任主席】2022－2026 年：Rino Rappuoli（意）

【现任副主席】2022－2026 年：Antonio Ventosa（西）

【近十年主席】2017－2022 年：Eliora Z.Ron（以）

【出版物】《国际系统微生物学和进化微生物学杂志》(International Journal of Systematic and Evolutionary Microbiology)、《国际食品微生物学杂志》(International Journal of Food Microbiology)、《World Journal of Microbiology and Biotechnology》（世界微生物学和生物技术杂志）、《真菌病理学》(Mycopathologia)

【系列学术会议】3 年召开一届 IUMS 大会(IUMS Congresses)，2011 年在日本札幌召开第 15 届大会，2014 年在加拿大蒙特利尔召开第 16 届大会，2017 年在新加坡召开第 17 届大会，2020 年在韩国大田召开第 18 届大会，2022 年在荷兰鹿特丹召开第 19 届大会。3 年召开一次国际细菌学与应用微生物学大会、国际真菌学与真核微生物学大会、国际病毒学大会，与 IUMS 大会同期、同地召开。

【授予奖项】阿瑞玛应用微生物奖(Arima Award for Applied Microbiology)：表彰对应用微生物学的发展做出杰出贡献的个人，3 年颁发一次；斯图尔特·穆德基础微生物学研究奖(Stuart Mudd Award for Studies in Basic Microbiology)：表彰对 IUMS 做出杰出和无私奉献的个人，4 年颁发一次。

【经费来源】会员会费、会议注册费

【与中国的关系】中国是 IUMS 的发起国之一，1980 年，中国微生物学会代表中国成为 IUMS 的会员。中国科学院院士曾毅于 1999 年当选 IUMS 执行委员会委员。中国科学院微生物研究所高福院士于 2017－2020 年担任 IUMS 执行委员会病毒学部副主席，2022－2026 年担任 IUMS 执行委员会委员。

【官方网站】https://www.iums.org/

16. 国际有害藻类研究学会

【英文全称和缩写】International Society for the Study of Harmful Algae, ISSHA

【组织类型】国际非政府组织(INGO)

【成立时间】1997 年

【宗旨】致力于推进与有害藻类相关的国际科学研究和人才培养。

【组织架构】设大会、理事会、执行委员会

【会员类型】机构、个人

【现任主席】2021－2023 年：Wayne Litaker（美）

【现任副主席】2021－2023 年：Po Teen Lim（马）；Dedmer van de Waal（荷）

【近十年主席】2018－2021 年：Vera Trainer（美）

【出版物】《国际有害藻类大会会议录》（ICHA Conference Proceedings），《有害藻类新闻》（Harmful Algae News）

【例会周期】两年召开一次理事会会议

【系列学术会议】两年召开一次国际有害藻类大会（ISSHA International Conferences on Harmful Algae），2014 年在新西兰惠灵顿召开第 16 届大会，2016 年在巴西圣卡塔琳娜召开第 17 届大会，2018 年在法国南特召开第 18 届大会，2021 年在墨西哥墨西哥城召开第 19 届大会。

【授予奖项】安本终身成就奖（Yasumoto Lifetime Achievement Award）：表彰在有害藻类研究方面做出杰出贡献的会员；帕特里克·根蒂恩青年科学家成就奖（Patrick Gentien Young Scientist Achievement Award）：表彰获得博士学位 10 年以内的青年科学家在有害藻类研究中取得的杰出成就；莫琳·凯勒学生奖（Maureen Keller Student Award）：表彰在国际有害藻类大会上做出优秀报告的研究生。

【经费来源】会费、出版收入、捐款

【与中国的关系】中国科学院海洋研究所周名江研究员曾于 2012－2014 年担任 ISSHA 副主席。2008 年，第 13 届国际有害藻类大会在中国香港举办。

【官方网站】https://issha.org/

17. 国际植物分类学会

【英文全称和缩写】International Association for Plant Taxonomy，IAPT

【组织类型】国际非政府组织（INGO）

【成立时间】1950 年

【总部（或秘书处）所在地】斯洛伐克

【宗旨】促进藻类、菌物、植物分类学、系统学和命名法的发展，鼓励该领域科研人员、科研机构之间的广泛联系与密切合作。

【组织架构】设理事会、7 个委员会，分别为：资助委员会（Grants Committee）、荣誉委员会（Honours Committee）、命名委员会（Nomenclature Committee）、提名委员会（Nominating Committee）、会员与对外联络委员会（Membership and Outreach Committee）、出版委员会（Publications Committee）、储备基金委员会（Reserve Fund Committee）。

【会员类型】个人(近 1000 人)

【现任主席】2023 年至今：Lúcia G. Lohmann(巴西)

【现任副主席】2023 年至今：Fabián Michelangeli(美)

【近十年主席】2017－2023 年：Patrick Herendeen(美)

【出版物】《分类学》(Taxon)、《植物界》(Regnum Vegetabile)、《藻类、菌物和植物国际命名法规》(International Code of Nomenclature for Algae, Fungi and Plants)

【系列学术会议】每 6 年举办一次国际植物学大会(International Botanical Congress)，2017 年，第 19 届国际植物学大会在中国深圳召开。

【对外资助计划】研究资助项目：为植物、藻类和菌物的分类学、系统学和命名研究提供竞争性资助，对全世界的申请者开放，重点支持发展中国家的学生、青年科研人员；小型收藏资助项目：用于改善和维护藻类、菌物和植物标本室。

【授予奖项】恩格勒金质奖章(Engler Medal in Gold)：表彰对植物、藻类及菌物分类学和系统学做出杰出贡献的个人，每 6 年颁发一次；恩格勒银质奖章(Engler Medal in Silver)：表彰在系统植物学、菌物学及藻类学方面著有优秀著作或做出优秀工作的个人，每年颁发一次；斯塔弗勒奖章(Stafleu Medal)：授予植物系统学和分类学领域有关历史、文献或命名的优秀出版物；斯特宾斯奖章(Stebbins Medal)：授予植物进化与系统发育领域的优秀出版物。

【经费来源】会费、出版物销售、捐赠、遗赠、投资收益等

【与中国的关系】2011 年，中国科学院植物研究所张宪春研究员当选 IAPT 理事会成员。2017 年，中国科学院昆明植物研究所李德铢研究员当选 IAPT 理事会成员。2017 年，第 19 届国际植物学大会在中国深圳召开，共有 109 个国家和地区植物学领域的专家学者 6850 人出席。

【官方网站】https://www.iaptglobal.org/

18. 国际植物园保护联盟

【英文全称和缩写】Botanic Gardens Conservation International, BGCI

【组织类型】国际非政府组织(INGO)

【成立时间】1987 年

【总部(或秘书处)所在地】英国

【宗旨】动员植物园及其合作伙伴参与植物多样性保护，以造福人类和地球。

【组织架构】设董事会、国际顾问委员会

【会员类型】机构、个人

【会员机构】在 100 多个国家拥有 600 多家机构会员

【现任主席】Stephen Blackmore（英）

【出版物】《国际植物园保护联盟杂志》（Journal of Botanic Gardens Conservation International）

【系列学术会议】每 3～4 年举办一次世界植物园大会（Global Botanic Garden Congress）。2017 年在瑞士日内瓦召开了第六届世界植物园大会，2022 年在澳大利亚墨尔本召开了第七届世界植物园大会。每 3～4 年举办一次国际植物园教育大会（International Congresses on Education in Botanic Gardens），2018 年在波兰华沙召开了第十届国际植物园教育大会，有来自 50 个国家的约 300 名注册代表参加。

【对外资助计划】BGCI 成立了全球植物园基金（Global Botanic Garden Fund），并设立全球植物园基因组倡议奖励计划（GGI-Gardens Awards Program），旨在促进保护、了解地球植物基因组生物多样性的合作活动。

【授予奖项】每年颁发马什国际植物保护奖（Marsh Award for International Plant Conservation）、马什植物园教育奖（Marsh Award for Education in Botanic Gardens）。

【经费来源】机构赞助、个人捐款、会员会费

【与中国的关系】BGCI 于 2007 年成立了中国项目办公室，挂靠在中国科学院华南植物园。BGCI 于 2008 年在我国启动了 8 个植物多样性保护项目。中国科学院西双版纳热带植物园主任陈进、中国科学院华南植物园主任任海、上海辰山植物园执行园长胡永红、北京植物园园长贺然、深圳仙湖植物园主任杨义标现任 BGCI 国际顾问委员会成员。2007 年，第三届世界植物园大会在中国武汉举行。

【官方网站】https://www.bgci.org/

（七）医学

1. 国际骨关节可注射生物材料学会

【英文全称和缩写】 Interdisciplinary Research Society for Bone and Joint Injectable Biomaterials，GRIBOI（为法语名 Groupe de Recherche Interdisciplinaire sur les Biomatériaux Ostéo-articulaires Injectables 的缩写）

【组织类型】国际非政府组织(INGO)

【成立时间】1989 年

【总部(或秘书处)所在地】法国贝尔克

【宗旨】旨在改进用于治疗、预防骨关节疾病的可注射生物材料的设计、合成、特性、处理和临床使用,并支持相关的研发活动。

【组织架构】设执行委员会

【会员类型】机构、个人

【现任主席】2018 年至今:Alexis Kelekis(希)

【现任副主席】2018 年至今:Jean-Michel Bouler(法);常江(中);Sean Tutton(美);Gamal Baroud(加)

【近十年主席】2010－2016 年:Marc Bohner(瑞士);2016－2018 年:Alexis Kelekis(希)

【系列学术会议】每年举办一次骨关节可注射生物材料与临床应用国际会议(GRIBOI Meeting)。

【经费来源】会费、政府补贴、企业捐赠、服务报酬

【与中国的关系】中国科学院上海硅酸盐研究所常江研究员从 2012 年起担任 GRIBOI 副主席至今。第 12 届、第 15 届 GRIBOI 会议分别于 2002 年、2005 年在上海举办。第 26 届、第 29 届 GRIBOI 会议分别于 2016 年、2019 年在深圳、海口举办。

【官方网站】http://www.griboi.org/

2. 国际基础与临床药理学联合会

【英文全称和缩写】International Union of Basic and Clinical Pharmacology, IUPHAR(为原名 International Union of Pharmacology 的缩写)

【组织类型】国际非政府组织(INGO)

【成立时间】1959 年

【总部(或秘书处)所在地】瑞士巴塞尔大学

【宗旨】旨在与世界各地的药理学学会合作,支持药理学研究、教育及其应用,以促进全球健康事业的发展。

【组织架构】设理事会、执行委员会、命名与标准委员会、提名委员会、会员委员会,以及 8 个学部:药物代谢与药物转运学部(Section on Drug Metabolism and Drug Transport)、教育学部(Section on Education)、胃肠药理学学部(Section on Gastrointestinal Pharmacology)、 免疫药理学学部 (Section on

Immunopharmacology）、药物遗传学和药物基因组学部（Section on Pharmacogenetics and Pharmacogenomics）、神经精神药理学学部（Section on Neuropsychopharmacology）、儿科临床药理学学部（Section on Pediatric Clinical Pharmacology）、天然产物药理学学部（Section on the Pharmacology of Natural Products）。

【会员类型】机构

【会员机构】61 个机构，来自以下国家：*亚洲*：亚、中、印、伊朗、以、日、韩、马、缅、新、泰、土；*欧洲*：乌克兰、奥、比、英、克、捷、丹、荷、爱沙、芬、法、德、希、匈、爱、意、拉、马耳他、波、葡、俄、塞尔、斯、斯洛、西、瑞典、瑞士；*非洲*：埃、肯、南非；*大洋洲*：澳；*北美洲*：美、加、古；*南美洲*：阿根、巴西、智

【现任主席】2018 年至今：Ingolf Cascorbi（德）

【现任副主席】2018 年至今：Francesca Levi-Schaffer（以）

【近十年主席】2010－2014 年：Patrick du Souich（加）；2014－2018 年：S. J. Enna（美）

【出版物】《国际药理学》（Pharmacology International）

【系列学术会议】1961 年召开了第一届世界药理学大会，1963－1990 年，每 3 年召开一届；1990－2010 年，每两年召开一届；2010 年以后改名为"世界基础与临床药理学大会"，每 4 年召开一届。两届大会之间可以召开区域会议，每年最多举办一次。

【授予奖项】分析药理学讲师奖：表彰在识别、定义和开发新型药物靶点方面取得重大进展的科研人员，每四年颁发一次；IUPHAR-美国国家药物滥用研究所早期职业奖：每年颁布一次，每次两至三人获奖；世界大会青年研究员奖：十名入围者将在世界基础与临床药理学大会上做展示，通常三人获奖。

【经费来源】会员会费、活动收入、服务协议收入、捐赠

【与中国的关系】北京大学医学部林志彬教授、军事医学科学院张永祥研究员、中国医学科学院药物研究所杜冠华研究员曾分别于 2002－2010 年、2010－2018 年、2018－2022 年担任 IUPHAR 执行委员会委员。2006 年 7 月，第十五届世界药理学大会在中国北京召开，会议规模约 3500 人。

【官方网站】http://www.iuphar.org

3. 国际免疫学会联合会

【英文全称和缩写】International Union of Immunological Societies，IUIS

【组织类型】国际非政府组织(INGO)

【成立时间】1969 年

【总部(或秘书处)所在地】德国柏林

【宗旨】致力于推动免疫学领域的国际合作,促进人员之间的交流。

【组织架构】设理事会、执行委员会,下设 10 个专业委员会,分别为:临床免疫学委员会、教育委员会、性别平等委员会、先天免疫缺陷委员会、免疫治疗委员会、命名委员会、出版委员会、质量评估和标准化委员会、疫苗委员会、兽医免疫学委员会。

【会员类型】机构

【会员机构】*亚洲*:斯里、中、印、伊朗、以、日、哈、韩、巴、菲、新、泰、土、亚;*欧洲*:奥、比、英、保、克、捷、德、爱沙、希、匈、黑、塞尔、斯洛、爱、意、拉、立、荷、波、俄、瑞士、斯、西、葡、罗、法、卢、波黑、乌克兰、芬;*非洲*:阿尔、贝、喀、埃、肯、尼日、塞内、马里、摩、科特、南非、坦桑、突、津、马拉;*大洋洲*:澳、新西、巴新;*北美洲*:美、加、墨、古、洪;*南美洲*:智、哥伦、玻、巴拉、秘、阿根、委、巴西、乌

【现任主席】2022-2025 年:Miriam Merad(美)

【现任副主席】2022-2025 年:Rita Carsetti(意)

【近十年主席】2010-2013 年:Stefan Kaufmann(德);2013-2016 年:Jorge Kalil(巴西);2016-2019 年:Alberto Mantovani(意);2019-2022 年:Faith Osier(肯)

【系列学术会议】3 年召开一次国际免疫学大会(International Congress of Immunology),2013 年在意大利米兰召开第 15 届大会,2016 年在澳大利亚墨尔本召开第 16 届大会,2019 年在中国北京召开第 17 届大会,2023 年在南非开普敦召开第 18 届大会。

【经费来源】会费、捐款

【与中国的关系】中国生物化学和分子生物学会是 IUIS 的机构会员。解放军第 302 医院王福生院士现任 IUIS 临床免疫学委员会成员。中国科学技术大学田志刚院士现任 IUIS 理事会成员。2019 年 10 月,第 17 届国际免疫学大会(IUIS 2019)在北京举办,会议规模约 6500 人。

【官方网站】https://iuis.org/

4. 国际脑研究组织

【英文全称和缩写】International Brain Research Organization,IBRO

【组织类型】国际非政府组织(INGO)

【成立时间】1961 年

【总部(或秘书处)所在地】法国巴黎

【宗旨】致力于通过培训、教学、研究、推广和参与活动，促进和支持全球神经科学的发展。

【组织架构】设管理理事会、执行委员会

【会员类型】机构

【会员机构】来自以下国家：*亚洲*：中、伊朗、印、日、韩、马、蒙、斯里兰、尼、巴、菲、新、亚、格、以、土、阿曼、阿联酋；*欧洲*：奥、葡、德、匈、爱、意、波、斯洛、瑞士、英、捷、丹、荷、芬、立、罗、俄、塞尔、斯、乌克兰、瑞典、挪、希；*大洋洲*：澳；*北美洲*：美、加、古、墨；*南美洲*：阿根、巴西、智、秘、乌、委

【现任主席】2020 年至今：Tracy L. Bale(美)

【近十年主席】2008—2014 年：Carlos Belmonte(西)；2014—2019 年：Pierre Magistretti(瑞士)

【出版物】《神经科学》(Neuroscience)、《IBRO 神经科学报告》(IBRO Neuroscience Reports)

【例会周期】一年召开两次管理理事会会议

【系列学术会议】4 年召开一次世界神经科学大会(IBRO World Congress of Neuroscience)，2011 年在意大利佛罗伦萨召开第 8 届大会，约 4200 人出席；2015 年在巴西里约热内卢召开第 9 届大会，约 2500 人出席；2019 年在韩国大邱召开第 10 届大会，约 4400 人出席；2023 年在西班牙格拉纳达召开第 11 届大会。

【授予奖项】凯默理国际基础和临床神经科学研究奖(IBRO Dargut and Milena Kemali International Prize for Research in the Field of Basic and Clinical Neurosciences)：表彰 45 岁以下的青年科研人员在基础或临床神经科学领域做出的杰出贡献，两年颁发一次。

【经费来源】会费、捐款

【与中国的关系】中国神经科学学会、北京神经科学学会是 IBRO 的机构会员。2020 年，香港科技大学叶玉如院士当选 IBRO 亚太地区代表。2019 年，浙江大学医学院胡海岚教授获得凯默理国际基础和临床神经科学研究奖。

【官方网站】https://ibro.org/

5. 国际认知科学联合会

【英文全称和缩写】International Association of Cognitive Science，IACS

【组织类型】国际非政府组织(INGO)

【宗旨】旨在为亚太等地区的认知科学发展提供论坛。

【组织架构】设指导委员会(Steering Committee)和咨询委员会(Consultation Board)。

【会员类型】个人

【现任主席】Byoung-Tag Zhang(韩)

【近十年主席】陈霖(中)

【出版物】《认知科学杂志》(The Journal of Cognitive Science)

【系列学术会议】每两年举办一届国际认知科学大会(International Conference of Cognitive Science)

【经费来源】IACS《章程》规定其经费的主要来源之一是每届国际认知科学大会注册费收入的至少 10%。

【与中国的关系】深圳大学谭力海教授现担任 IACS 指导委员会委员。中国科学院生物物理研究所陈霖院士曾于 2008 年当选 IACS 主席，现担任 IACS 指导委员会委员。中国科学院生物物理研究所卓彦研究员现担任 IACS 咨询委员会委员。第 3 届、第 7 届国际认知科学大会分别于 2001 年、2010 年在中国北京召开。2017 年，第 11 届国际认知科学大会在中国台北召开。

【官方网站】http://www.cogsci.org.cn/iacs/

6. 国际生理科学联合会

【英文全称和缩写】International Union of Physiological Sciences，IUPS

【组织类型】国际非政府组织(INGO)

【成立时间】1953 年

【总部(或秘书处)所在地】美国华盛顿

【宗旨】促进全球生理科学事业的发展和国际交流。

【组织架构】设大会、理事会、执行委员会、教育委员会、伦理委员会、生理学委员会、秘书处。

【会员类型】机构

【会员机构】60 余个机构，来自以下国家：*亚洲*：印、以、日、中、伊朗、韩、巴、斯里、土；*欧洲*：白、比、丹、法、挪、波、俄、奥、保、捷、芬、德、希、匈、意、罗、塞尔、斯、斯洛、西、瑞典、瑞士、英、乌克兰；*非洲*：
南非、尼日；*大洋洲*：澳、新西；*北美洲*：加、古、墨、美；*南美洲*：阿根、
巴西、智

【现任主席】2021 年至今：Wray Susan（英）

【现任副主席】2021 年至今：Barman Sue（美）；Kubo Yoshihiro（日）

【近十年主席】2017－2021 年：华瑜（中国台湾）

【出版物】《生理组学》（Physiome）、《生理学》（Physiology）

【系列学术会议】每四年举行一次 IUPS 大会（IUPS Congress），第 36 届大
会于 2009 年在日本京都举行，第 37 届大会于 2013 年在英国伯明翰举行，第
38 届大会于 2017 年在巴西里约热内卢举行，第 39 届大会原定于 2022 年在中
国北京举行，后改为线上形式举行，会议规模 4000 余人。

【授予奖项】大会差旅奖（Congress Travel Awards）：奖励经费在往届 IUPS
大会的收入中按一定比例提取；演讲奖（Lecture Awards）：由 IUPS 资助的 7 场
讲座是 IUPS 大会的一个组成部分。

【经费来源】会员会费

【与中国的关系】1980 年，中国生理学会正式成为 IUPS 的机构会员。中国
台湾高雄长庚纪念医院华瑜（Julie Chan）曾于 2017－2021 年担任 IUPS 主席。北
京大学医学部副主任王宪教授于 2009 年当选 IUPS 副主席，任期四年。

【官方网站】https://www.iups.org/

7. 国际心理科学联合会

【英文全称和缩写】International Union of Psychological Science，IUPsyS

【组织类型】国际非政府组织（INGO）

【成立时间】1951 年

【总部（或秘书处）所在地】加拿大

【宗旨】致力于促进心理学作为一门基础和应用科学在各国、各地区和全世
界的发展、表现和进步。

【组织架构】设大会、执行委员会、秘书处、常务委员会

【会员类型】机构

【会员机构】来自以下国家，*亚洲*：孟、中、格、印、印尼、伊朗、以、日、
约、哈、韩、黎、马、蒙、尼、巴、菲、新、斯里、土、越、也；*欧洲*：阿、奥、
比、保、克、塞、捷、丹、爱沙、芬、法、德、希、匈、爱、意、立、马耳他、荷、
挪、波、葡、罗、俄、斯、斯洛、西、瑞典、瑞士、乌克兰、英；*非洲*：博、喀、

埃、加纳、摩、莫、纳、尼日、南非、苏、乌干、赞、津；*大洋洲*：澳、新西；*北美洲*：巴哈、巴巴、加、哥斯、古、多米尼克、多米尼加、格林、危、墨、尼加、巴拿、波多黎各、特立、美；*南美洲*：阿根、巴西、智、哥伦、秘、乌、委

【现任主席】2022 年至今：Germán Gutiérrez（哥伦）

【近十年主席】2008－2012 年：Rainer Silbereisen（德）；2012－2018 年：Saths Cooper（南非）；2018－2022 年：Pam Maras（英）

【出版物】《国际心理学杂志》（International Journal of Psychology）

【系列学术会议】2021 年，IUPsyS 在捷克布拉格召开了第 32 届国际心理学会议（ICP 2020），会议每四年召开一次。IUPsyS 还定期举办区域心理学研讨会。

【授予奖项】心理科学重大进步奖（Major Advancement in Psychological Science Prize）、青年研究员奖（Young Investigator Awards）、逆境成就奖（Achievement Against the Odds Award）、终身职业奖（Lifetime Career Award）。

【经费来源】会费、捐款

【与中国的关系】中国科学院心理研究所荆其诚研究员曾于 1984－1992 年担任 IUPsyS 执委会委员，于 1992－1996 年担任 IUPsyS 副主席。北京师范大学张厚粲教授曾于 1996－2000 年担任 IUPsyS 执委会委员，曾于 2000－2004 年担任 IUPsyS 副主席。中国科学院心理研究所原所长张侃研究员曾于 2004－2008 年担任 IUPsyS 执委会委员，曾于 2008－2012 年担任 IUPsyS 副主席。中国科学院心理研究所副所长张建新研究员曾于 2016－2020 年担任 IUPsyS 执委会委员。1995 年，在中国广州召开了亚太地区心理学大会（Asian-Pacific Regional Conference on Psychology）。2001 和 2011 年，在中国北京中国科学院心理研究所召开了 IUPsyS 执委会议。2004 年，在中国北京召开了第 28 届国际心理学会议。亚太地区灾后心理干预研讨会于 2012 年、2013 年在中国科学院心理研究所召开，2014 年在四川绵阳召开。2015 年，灾后心理干预国际研讨会在中国台湾召开。

【官方网站】https://www.iupsys.net/

8. 国际医学生物工程联合会

【英文全称和缩写】International Federation for Medical and Biological Engineering，IFMBE

【组织类型】国际非政府组织（INGO）

【成立时间】1959 年

【宗旨】旨在推动医学生物工程领域的国际交流与合作，支持该领域的相关研发、应用和技术管理，制定医学和生物工程专业认证准则，协调区域认证活

动，制定相关科研伦理准则。

【组织架构】设大会、行政理事会（Administrative Council）、临床工程部（Clinical Engineering Division）、卫生技术评估部（Health Technology Assessment Division）、数字健康部（Digital Health Division）、国际医学与生物工程院（International Academy of Medical and Biological Engineering）和 9 个工作组，分别为：亚太地区活动工作组（Asian-Pacific Activities）、拉美与加勒比地区工作组（CORAL）、细胞与干细胞工程工作组（Cell & Stem Engineering Working Group）、发展中国家工作组（Developing Countries）、全球公民安全与安保工作组（Global Citizen Safety & Security）、产业工作组（Industry）、健康信息与电子医疗工作组（Health Informatics & e-Health）、非洲工作组（African Activities）、工程生物学工作组（Engineering Biology）。

【会员类型】机构

【会员机构】63 个机构，来自以下国家：*亚洲*：中、以、日、马、蒙、新、韩、泰、越；*欧洲*：奥、比、波黑、保、克、塞、捷、丹、爱沙、芬、法、德、希、匈、冰、爱、意、拉、立、摩尔、波、葡、罗、塞尔、斯、斯洛、西、瑞典、瑞士、荷、乌克兰、英；*非洲*：贝、刚果（布）、埃塞、加纳、肯、尼日、卢旺、南非、乌干；*大洋洲*：澳；*北美洲*：加、哥斯、古、萨、墨、巴拿、美；*南美洲*：阿根、巴西、智、哥伦、秘、委。另有 5 个国际组织会员：美洲临床工程学院（American College of Clinical Engineering）、医疗器械促进协会（Association for the Advancement of Medical Instrumentation）、亚洲医疗技术管理促进委员会（Commission for Advancement of Healthcare Technology Management in Asia）、CORAL-拉丁美洲生物医学工程区域理事会（CORAL – Latin American Regional Council on Biomedical Engineering）、欧洲医学和生物工程与科学联盟（European Alliance for Medical and Biological Engineering & Science）

【现任主席】2022－2025 年：Ratko Magjarevic（克）

【现任副主席】2022－2025 年：林康平（中国台湾）

【近十年主席】2009－2012 年：Herbert F. Voigt（美）；2012－2015 年：Ratko Magjarevic（克）；2015－2018 年：James Goh（新）；2018－2021 年：Shankar Krishnan（美）

【出版物】《医学生物工程与计算》（Medical & Biological Engineering & Computing）

【系列学术会议】3 年召开一次世界医学物理与生物医学工程大会（World

Congress on Medical Physics and Biomedical Engineering），2012 年在中国北京召开第 23 届大会，2015 年在加拿大多伦多召开第 24 届大会，2018 年在捷克布拉格召开第 25 届大会，2022 年在新加坡召开第 26 届大会。

【授予奖项】弗拉基米尔·斯福罗金奖（Vladimir K. Zworykin Award）：表彰对医学和生物工程领域做出杰出研究贡献的生物工程师；奥托·施密特奖（Otto Schmitt Award）：表彰对推动医学和生物工程领域发展做出杰出贡献的个人；劳拉·巴斯奖（Laura Bassi Award）：表彰对医学和生物工程领域做出杰出研究贡献的女性生物医学工程师；约翰·A·霍普斯杰出服务奖（John A. Hopps Distinguished Service Award）：表彰对 IFMBE 的工作做出杰出贡献的个人；IFMBE 荣誉终身会员（IFMBE Honorary Life Members）：表彰为 IFMBE 的发展做出特殊贡献的个人。以上奖项均 3 年颁发一次。

【经费来源】会费、捐赠

【与中国的关系】中国生物医学工程学会是 IFMBE 的机构会员。中国台湾中原大学林康平教授于 2022－2025 年担任 IFMBE 副主席。2012 年，第 23 届世界医学物理与生物医学工程大会在中国北京召开。

【官方网站】https://ifmbe.org/

9. 国际医学科学组织理事会

【英文全称和缩写】Council for International Organizations of Medical Sciences，CIOMS

【组织类型】国际非政府组织（INGO）

【成立时间】1949 年

【总部（或秘书处）所在地】瑞士日内瓦

【宗旨】通过指导伦理、医疗产品开发和安全领域的研究和政策，促进公共卫生的发展。

【组织架构】设全体大会、执行委员会、秘书处，另设多个工作组。

【会员类型】机构

【会员机构】10 个机构，来自以下国家：*亚洲*：孟、格、印、以、韩；*欧洲*：比、捷、德、瑞士；*非洲*：南非。另有 12 个国际组织会员：世界过敏组织（World Allergy Organization）、国际血管学院（International College of Angiology）、国际内科学会（International Society of Internal Medicine）、国际耳鼻喉学会联合会（International Federation of Otorhinolaryngological Societies）、世界病理和检验医学联合会（World Association of Societies of Pathology and

Laboratory Medicine)、国际鼻科学学会(International Rhinologic Society)、国际医学妇女协会(Medical Women's International Association)、世界医学协会(World Medical Association)、国际药物流行病学学会(International Society of Pharmacoepidemiology)、国际药物警戒学会 (International Society of Pharmacovigilance)、国际基础与临床药理学联合会(International Union of Basic and Clinical Pharmacology)、国际药剂师和药学协会联合会(International Federation of Associations of Pharmaceutical Physicians and Pharmaceutical Medicine)

【现任主席】2016 年至今：Hervé LeLouet(法)

【现任副主席】Samia Hurst(瑞士)

【近十年主席】2002－2016 年：J.J.M. van Delden(荷)；M. Vallotton(瑞士)

【例会周期】每两年召开一次大会，执行委员会每年至少召开一次会议。

【授予奖项】医学生年度奖(CIOMS Annual Award For Medical Students)：奖励在药物警戒和研究伦理领域发表优秀学术论文的医学生。

【经费来源】会费、出版物销售收入

【官方网站】https://cioms.ch/

10. 国际医学物理与工程科学联盟

【英文全称和缩写】International Union for Physical and Engineering Sciences in Medicine，IUPESM

【组织类型】国际非政府组织(INGO)

【成立时间】1980 年

【总部(或秘书处)所在地】加拿大渥太华

【宗旨】促进医学物理和工程科学的发展，以造福人类。

【组织架构】设全体大会和理事会，全体大会是 IUPESM 的最高权力机构，理事会负责在全体大会休会期间管理 IUPESM 的事务。另设有八个委员会：会议协调委员会(Congress Coordinating Committee)、提名委员会(Nominating Committee)、奖项委员会(Awards Committee)、联络委员会(Liaison Committee)、教育及培训委员会(Education and Training Committee)、联盟期刊委员会(Union Journal Committee)、公共和国际关系特设委员会(Public and International Relations Ad-hoc Committee)、数据委员会(Data Committee)，以及两个任务组：卫生技术任务组(Health Technology Task Group)、女性医学物理和生物医学工程任务组(Women in Medical Physics and Biomedical Engineering Task Group)。

【会员类型】机构（来自约 100 个国家）、个人（4 万余人）

【现任主席】2022－2025 年：Madan Rehani（美）

【现任副主席】2022－2025 年：Shankar Krishnan（美）

【近十年主席】2009－2012 年：Barry Allen（澳）；2012－2015 年：Herbert Voigt（美）；2015－2018 年：张建贤（中国香港）；2018－2021 年：James Goh（新）

【出版物】《健康与技术》（Health and Technology）

【系列学术会议】3 年召开一次世界医学物理与生物医学工程大会。

【授予奖项】优异奖（Awards of Merit）：每次获奖者为两人，包括一名医学物理学家和一名生物医学工程师，每三年颁发一次。

【经费来源】会费、资助、捐赠、遗产、投资收益

【与中国的关系】中国医学科学院刘德培院士曾于 2012－2015 年担任 IUPESM 理事会成员，并担任第十二届世界医学物理与生物医学工程大会主席。中国协和医科大学医学科学院的胡逸民教授曾于 2009－2015 年担任 IUPESM 理事会成员。中国香港养和医院教授张建贤（Kin Yin Cheung）曾于 2009－2022 年担任 IUPESM 理事会成员，并于 2015－2018 年担任 IUPESM 主席。中国台湾中原大学林康平教授曾于 2015－2022 年担任 IUPESM 理事会成员。2012 年 5 月，第十二届世界医学物理与生物医学工程大会在北京召开。

【官方网站】http://www.iupesm.org

11. 国际营养科学联合会

【英文全称和缩写】International Union of Nutritional Sciences，IUNS

【组织类型】国际非政府组织（INGO）

【成立时间】1946 年

【总部（或秘书处）所在地】英国伦敦

【宗旨】通过全球合作促进营养科学、研发的进步，鼓励营养科学家之间的交流与合作，并通过现代通信技术传播营养科学信息。

【组织架构】设大会、理事会，下设 9 个工作组：癌症相关营养国际合作工作组（International Collaboration on Nutrition in Relation to Cancer）、可持续饮食工作组（Sustainable Diets）、膳食脂肪质量工作组（Dietary Fat Quality）、微量营养干预收益风险和成本效益工作组（Benefit-Risk and Cost Effectiveness of Micronutrient Interventions）、精准营养工作组（Precision Nutrition）、营养能力发展委员会（Committee on Capacity Development in Nutrition）、国际营养不良工作组（International Malnutrition）、传统和当地食品体系与营养工作组

（Traditional and Indigenous Food Systems and Nutrition）、儿童成长多维营养指标工作组（Towards a Multi-Dimensional Index to Child Growth）。

【会员类型】机构

【会员机构】82 个机构，来自以下国家：*亚洲*：孟、中、印、印尼、伊朗、以、日、哈、韩、科、黎、马、蒙、巴、巴勒、菲、沙特、新、斯里、泰、阿联酋、越；*欧洲*：奥、比、保、捷、丹、芬、法、德、匈、冰、爱、意、荷、挪、波、葡、罗、俄、西、瑞典、瑞士、英、塞尔；*非洲*：布基、贝、喀、刚果（布）、科特、埃、冈、加纳、几、肯、利、马达、摩、尼日、卢旺、塞内、塞拉、南非、苏、坦桑、突、乌干、津；*大洋洲*：澳、新西；*北美洲*：加、哥斯、古、海、墨、美；*南美洲*：阿根、巴西、智、巴拉、秘、委。另有多个国际组织会员：国际营养师协会联盟（International Confederation of Dietetic Associations）、国际营养性贫血咨询小组（International Nutritional Anemia Consultative Group）、国际临床营养研讨会（International Symposium on Clinical Nutrition）、国际锌营养咨询小组（International Zinc Nutrition Consultative Group）、全球碘营养联盟（Iodine Global Network）、儿科研究小组（Groupe de Recherche en Pédiatrie）、微量营养素论坛（The Micronutrient Forum）、世界肥胖联合会（World Obesity Federation）、世界公共卫生营养协会（World Public Health Nutrition Association）、非洲营养学会联合会（Federation of African Nutrition Societies）、非洲营养学会（African Nutrition Society）、亚太临床营养学会（Asia Pacific Clinical Nutrition Society）、亚洲营养学会联合会（Federation of Asian Nutrition Societies）、欧洲营养学会联合会（Federation of European Nutrition Societies）、中东和北非营养协会（Middle East and North Africa Nutrition Association）、拉丁美洲国家营养学会（Sociedad Latinoamericana de Nutrición）

【现任主席】2021 年至今：Lynnette M. Neufeld（意）

【现任副主席】2021 年至今：Francis Zotor（加纳）

【近十年主席】2009－2013 年：Ibrahim Elmadfa（奥）；2013－2017 年：Anna Lartey（加纳）；2017－2021 年：Alfredo Martinez（西）

【系列学术会议】4 年召开一次国际营养大会（International Congress of Nutrition），2009 年，在泰国曼谷召开第 19 届大会，有 106 个国家的 4070 人出席；2013 年，在西班牙格兰纳达召开第 20 届大会，有 3896 人出席；2017 年，在阿根廷布宜诺斯艾利斯召开第 21 届大会，有 3038 人出席；2022 年，在日本东京召开第 22 届大会。

【授予奖项】IUNS 会士（IUNS Fellows）：表彰为营养事业做出杰出贡献的

个人；IUNS 终身成就奖(IUNS Lifetime Achievement Awards)：表彰对区域或全球营养事业做出贡献的发展中国家的个人；IUNS 生命传奇奖(IUNS Living Legends Awards)：表彰为本国营养机构或区域营养事业做出巨大贡献的 80 岁以上的个人。

【与中国的关系】中国营养学会是 IUNS 正式会员。

【官方网站】https://iuns.org/

12. 中药全球化联盟

【英文全称和缩写】Consortium for the Globalization of Chinese Medicine，CGCM

【组织类型】国际非政府组织(INGO)

【成立时间】2003 年

【总部(或秘书处)所在地】中国香港

【宗旨】通过世界各地的学术机构、企业和监管机构的共同努力，推动中草药造福人类。

【组织架构】下设董事会、顾问委员会、委员会、当地分会协调员、10 个工作组：草药产品质量控制组(Quality Control of Herbal Product)，草药、自然产品资源与种植组(Herbal and Nature Product Resources, Cultivation)，化学药物作用机理及毒性研究组(Mechanism and Toxicity Study of Polychemical Medicine)，天然产物的机理和毒性组(Mechanism and Toxicity of Natural Product)，组学技术和人工智能分析组(Omics Technology and AI Analysis)，预防和功能医学组(Preventative and Functional Medicine)，针灸和物理治疗组(Acupuncture and Physical Treatment)，临床研究组(Clinical Study)，学术界、监管机构与行业合作组(Collaboration among Academic, Regulatory Agency and Industry)，教育和知识产权组(Education and Intellectual Properties)。

【会员类型】机构，包括 162 个学术机构会员和 26 个企业会员

【会员机构】16 个创始机构和 172 个会员机构，来自以下国家：*亚洲*：中、韩、马、日、新、泰；*欧洲*：英、德、奥、荷、丹、意；*大洋洲*：澳；*北美洲*：加、美

【现任主席】2003 年至今：郑永齐(美)

【现任副主席】裴钢(中)；陈凯先(中)；谭广亨(中)；陈士林(中)；张恒鸿(中)；Rudolf Bauer(奥)；劳力行(中)

【系列学术会议】每年举办一次 CGCM 会议(CGCM Meeting)，2016 年，在

中国台北举办第 15 次会议；2017 年，在中国广州举办第 16 次会议；2018 年，在马来西亚古晋举办第 17 次会议；2019 年，在中国上海举办第 18 次会议。

【经费来源】会费

【与中国的关系】中国科学院上海生命科学研究院是 CGCM 的创始机构之一，中国科学院成都生物研究所、中国科学院广州生物医学与健康研究所、中国科学院上海巴斯德研究所、中国科学院微生物研究所、中国科学院上海生命科学研究院、中国科学院华南植物园是 CGCM 的机构会员。中国科学院上海药物研究所陈凯先院士现任 CGCM 副主席。中国科学院陈可冀院士现任 CGCM 顾问委员会秘书长。

【官方网站】http://www.tcmedicine.org/

13. 中医药规范研究学会

【英文全称和缩写】Good Practice in Traditional Chinese Medicine Research Association，GP-TCM RA

【组织类型】国际非政府组织(INGO)

【成立时间】2012 年

【总部(或秘书处)所在地】秘书处现位于英国剑桥大学

【宗旨】推动全球范围内开展中医药领域的更广泛的交流与合作，积极倡导在中医药研究领域开展高质量的、以科学数据为基础的研究活动，并促进传统医学与现代医学的融合。

【组织架构】设执行委员会、7 个学术小组：质量控制组(Quality Control)、药理学和毒理学组(Pharmacology and Toxicology)、临床研究组(Clinical Studies)、监管组(Regulatory Aspects)、针灸艾灸和经络组(Acupuncture-Moxibustion and Meridians)、出版组(Publication)、药物临床试验质量管理规范组(Good Clinical Practice Guidelines)。

【会员类型】机构、个人

【会员机构】8 个创始机构：中国太极集团(China Taiji Pharmaceuticalsn Group)、中国首都医科大学(China Capital Medical University)、中国上海中医药大学(Shanghai University of TCM)、中国成都中医药大学(Chengdu University of TCM)、中国台湾中医药大学(China Medical University，Taiwan)、中国台湾长庚纪念医院(Chang Gung Memorial Hospital)、中国海兰药业(Hailan Pharmaceuticals)、荷兰神州天士力医药集团(CMC Tasly Group BV)。另有 15 个机构会员来自中国和罗马尼亚。

【现任主席】2023—2024 年：刘碧珊（中）

【现任副主席】吕爱平（中）

【近十年主席】2012—2014 年：Rudolf Bauer（奥）；2015—2017 年：果德安（中）；2018—2022 年：Monique Simmonds（英）

【出版物】《世界中医药杂志》（World Journal of Traditional Chinese Medicine）

【系列学术会议】每年召开一次 GP-TCM RA 年会（GP-TCM RA Annual Meeting），2019 年，在韩国大邱召开第 7 届年会；2020 年、2021 年、2022 年，以线上形式分别召开第 8 届、第 9 届、第 10 届年会。

【经费来源】会费

【与中国的关系】中国中医科学院吕爱平教授、香港中文大学刘碧珊教授分别担任 GP-TCM RA 副主席、主席。中国科学院上海药物研究所果德安研究员曾于 2012—2014 年担任 GP-TCM RA 副主席，2015—2017 年担任主席。第 1 届、第 3 届、第 5 届 GP-TCM RA 年会分别于 2012 年、2014 年、2016 年在上海、南京、香港举行。

【官方网站】http://www.gp-tcm.org/

（八）信息科学

1. 电气与电子工程师协会

【英文全称和缩写】Institute of Electrical and Electronics Engineers，IEEE

【组织类型】国际非政府组织（INGO）

【成立时间】1963 年

【总部（或秘书处）所在地】美国纽约

【宗旨】致力于鼓励技术创新，为人类谋福祉。

【组织架构】由大会（IEEE Assembly）和董事会（Board of Directors）负责决策，董事会下设六大委员会，分别是：教育活动委员会（Educational Activities Board）、IEEE-美国委员会（IEEE-USA Board）、会员和地理活动委员会（Member and Geographic Activities Board）、出版服务和产品委员会（Publication Services and Products Board）、标准协会委员会（Standards Association Board）、技术活动委员会（Technical Activities Board）。IEEE 设有七个专业技术理事会（Technical Councils），分别是：生物计量学理事会（Biometrics Council）、电子设计自动化

理事会（Council on Electronic Design Automation）、纳米技术理事会（Nanotechnology Council）、射频识别理事会（Council on RFID）、传感器理事会（Sensors Council）、超导电性理事会（Council on Superconductivity）、系统理事会（Systems Council）。IEEE 还设有 39 个专业技术协会（Society），分别是：航空航天和电子系统协会（Aerospace and Electronic Systems Society），天线和传播协会（Antennas and Propagation Society），广播技术协会（Broadcast Technology Society），电路与系统协会（Circuits and Systems Society），通信协会（Communications Society），计算智能协会（Computational Intelligence Society），计算机协会（Computer Society），消费者技术协会（Consumer Technology Society），控制系统协会（Control Systems Society），绝缘体和电气绝缘协会（Dielectrics and Electrical Insulation Society），教育协会（Education Society），电磁兼容性协会（Electromagnetic Compatibility Society），电子设备协会（Electron Devices Society），电子封装协会（Electronics Packaging Society），医药与生物工程学协会（Engineering in Medicine and Biology Society），地球科学与遥感协会（Geoscience and Remote Sensing Society），工业电子学协会（Industrial Electronics Society），工业应用协会（Industry Applications Society），信息理论协会（Information Theory Society），仪器和测量协会（Instrumentation and Measurement Society），智能交通系统协会（Intelligent Transportation Systems Society），电磁学协会（Magnetics Society），微波理论与工艺协会（Microwave Theory and Techniques Society），原子能与等离子科学协会（Nuclear and Plasma Sciences Society），海洋工程学协会（Oceanic Engineering Society），光子学协会（Photonics Society），电力电子学协会（Power Electronics Society），电力与能源协会（Power & Energy Society），产品安全工程协会（Product Safety Engineering Society），专业通信协会（Professional Communication Society），可靠性协会（Reliability Society），机器人与自动化协会（Robotics and Automation Society），信号处理协会（Signal Processing Society），技术的社会影响协会（Society on Social Implications of Technology），固体电路协会（Solid-State Circuits Society），系统、人类与控制论协会（Systems, Man, and Cybernetics Society），技术与工程管理协会（Technology and Engineering Management Society），超声波、铁电体和频率控制协会（Ultrasonics, Ferroelectrics, and Frequency Control Society），车载技术协会（Vehicular Technology Society）。

【会员类型】个人。会员类别分为会士（Fellow）、高级会员（Senior Member）、会员（Member）、准会员（Associate Member）和学生会员（Student Member）。截

至 2021 年，IEEE 在 160 多个国家拥有会员 40 余万人。

【现任主席】2023 年：Saifur Rahman（美）

【近十年主席】2020 年：福田敏男（日）；2021 年：Susan Kathy Land（美）；2022 年：K. J. Ray Liu（美）

【出版物】每年出版约 200 种会刊、期刊，出版了全球电气工程、计算机科学和电子技术领域近三分之一的文献。

【例会周期】每年召开一次 IEEE 大会（IEEE Assembly）。

【授予奖项】每年颁发 IEEE 奖章（IEEE Medals）、IEEE 技术领域奖（IEEE Technical Field Awards）、IEEE 认可（IEEE Recognitions）三类奖项，其中，IEEE 奖章中的荣誉勋章（IEEE Medal of Honor）又是奖章中的最高荣誉。IEEE 下属的各专业技术协会还设立各自的奖项。

【经费来源】主要来自于会员会费、会议注册费、出版物销售收入、捐赠等。

【与中国的关系】IEEE 中国代表处位于北京，主要负责联络和协调 IEEE 的 8 个中国分会（北京分会、上海分会、广州分会、西安分会、哈尔滨分会、成都分会、武汉分会、南京分会）。2019 年，IEEE 批准在中国举办的会议数量已达 211 个，中国也成为除美国本土外的第一大 IEEE 会议举办地。截至 2021 年，IEEE 中国学生分会的数量已达 64 个。

【官方网站】https://www.ieee.org/，IEEE 中国分会：https://cn.ieee.org/china_section/

2. 国际档案理事会

【英文全称和缩写】International Council on Archives，ICA

【组织类型】国际非政府组织（INGO）

【成立时间】1948 年

【总部（或秘书处）所在地】秘书处位于法国巴黎

【宗旨】致力于推动对记录和档案的管理与利用，并通过分享经验、推动档案学相关研究、完善档案管理方式，促进对各国档案遗产的保护。

【组织架构】设 13 个专业部门：教育和培训部（Section for Education and Training），信仰传统档案部（Section for Archives of Faith Traditions），公证档案部（Section on Notarial Archives），建筑档案部（Section on Architectural Archives），商业档案部（Section on Business Archives），国际组织部（Section of International Organisations），文艺档案部（Literary and Artistic Archives），地方、城市和地区档案部（Section of Local, Municipal and Territorial Archives），专业协会部（Section of Professional Associations），体育档案部（Section on Sports

Archives)，议会和政党档案部（Section for Archives of Parliaments and Political Parties），大学档案部（Section on University Archives），档案与人权部（Section on Archives and Human Rights）。

【会员类型】机构、个人

【会员机构】设 13 个区域分会负责接纳本区域的机构会员和个人会员，包括：拉丁美洲档案协会（Latin American Association on Archives）、加勒比区域分会（Caribbean Regional Branch）、阿拉伯区域分会（Arab Regional Branch）、中部非洲区域分会（Central Africa Regional Branch）、东部和南部非洲区域分会（Eastern and Southern Africa Regional Branch）、西非区域分会（West African Regional Branch）、东亚区域分会（East Asian Regional Branch）、东南亚区域分会（Southeast Asian Regional Branch）、南亚与西亚区域分会（South and West Asian Regional Branch）、欧洲区域分会（European Regional Branch）、北美档案网（North American Archival Network）、太平洋区域分会（Pacific Regional Branch）、欧亚区域分会（Eurasia Regional Branch）。

【现任主席】2022－2026 年：Josée Kirps（卢）

【现任副主席】2022－2026 年：Gustavo Castañer（西）；Meg Phillips（美）

【近十年主席】2014－2022 年：David Fricker（澳）

【出版物】《国际档案杂志》（International Journal on Archives）

【系列学术会议】每年举行一次 ICA 年度大会（Annual Conference），2017 年在墨西哥墨西哥城举行，2018 年在喀麦隆雅温得举行，2019 年在澳大利亚阿德莱德举行，2021 年在线上举行，2022 年在意大利罗马举行。4 年举行一次 ICA 国际大会（International Congress），2016 年在韩国首尔举行，2020 年在阿联酋阿布扎比举行。

【对外资助计划】设有国际档案发展基金（Fund for the International Development of Archives），为发展中国家的档案专业人员和机构提供援助；设有非洲项目（Africa Programme），支持非洲国家建立档案管理能力，为相关人员提供教育培训服务。

【授予奖项】ICA 会士（ICA Fellows）：表彰为 ICA 的工作和发展做出巨大贡献的人，每年颁发一次。

【经费来源】会费、捐赠

【与中国的关系】ICA 东亚区域分会（EASTICA）于 1993 年 7 月在北京正式成立。

【官方网站】https://www.ica.org/en

3．国际科学技术信息理事会

【英文全称和缩写】International Council for Scientific and Technical Information，ICSTI

【组织类型】国际非政府组织（INGO）

【成立时间】1984 年

【总部（或秘书处）所在地】法国巴黎

【宗旨】旨在通过推动各利益相关方之间的合作和交流，促进科学传播。

【组织架构】设大会、执行委员会、技术活动协调委员会（Technical Activities Coordinating Committee）、信息趋势与机遇委员会（Information Trends and Opportunities Committee）

【会员类型】机构

【会员机构】29 个国际组织、科研机构：国际图书馆协会联合会（International Federation of Library Associations and Institutions）、ISSN 国际中心（ISSN International Centre）、瑞士苏黎世联邦理工学院图书馆（ETH-Bibliothek）、国际核信息系统（International Nuclear Information System）、德国国家科学技术图书馆（German National Library of Science and Technology）、德国哥廷根大学图书馆（SUB Goettingen）、芬兰技术研究中心（Technical Research Centre of Finland）、全球学术与专业出版者协会（Association of Learned and Professional Society Publishers）、国际数据委员会（Committee on Data for Science and Technology）、国际灰色文献网络服务组织（Grey Literature Network Service）、国际科技与医学出版方协会（International Association of Scientific, Technical & Medical Publishers）、国际工科大学图书馆协会（International Association of Technological University Libraries）、研究数据联盟（Research Data Alliance）、上海市科学技术情报学会（Shanghai Society for Scientific and Technical Information）、中国农业科学院农业信息研究所（Agricultural Information Institute）、中国医学科学院医学信息研究所（Institute of Medical Information）、中国科学技术信息研究所（Institute of Scientific and Technical Information of China）、日本科学技术振兴机构（Japan Science and Technology Agency）、沙特阿拉伯阿卜杜拉国王科技大学（King Abdullah University of Science and Technology）、韩国科学技术信息研究院（Korea Institute of Science and Technology Information）、中国科学院文献情报中心（National Science Library of CAS）、中国国家科技图书文献中心（National Science and Technology Library）、

世界数据系统(World Data System)、加拿大国家研究理事会(National Research Council Canada)、美国国会图书馆(U.S. Library of Congress)、美国国立医学图书馆(U.S. National Library of Medicine)、美国能源部科技信息办公室(US Office of Scientific and Technical Information)、美国国家科学基金会联邦科技创新管理者小组(Federal STI Managers Group)、美国先进信息服务联合会(National Federation of Advanced Information Services)

【现任主席】2013 年至今：Jan Brase(德)

【现任副主席】乔晓东(中)

【系列学术会议】每年召开一次 ICSTI 大会

【与中国的关系】北京万方数据股份有限公司副总经理乔晓东现担任 ICSTI 副主席。中国科学院文献情报中心、中国农业科学院农业信息研究所、中国医学科学院医学信息研究所、中国科学技术信息研究所是 ICSTI 机构会员。2019 年，ICSTI 大会在中国上海举行。

【官方网站】http://www.icsti.org/

4. 国际模式识别协会

【英文全称和缩写】International Association for Pattern Recognition，IAPR

【组织类型】国际非政府组织(INGO)

【成立时间】1978 年

【总部(或秘书处)所在地】秘书处现位于德国

【宗旨】旨在推动模式识别的研发、应用研究和国际合作，扩大相关交流与教育培训活动。

【组织架构】设董事会、执行委员会、15 个技术委员会(Technical Committees)：统计模式识别委员会(Statistical Pattern Recognition)、结构与句法模式识别委员会(Structural and Syntactic Pattern Recognition)、神经网络与计算智能委员会(Neural Networks and Computational Intelligence)、生物计量学委员会(Biometrics)、水下环境监测计算机视觉委员会(Computer Vision for Underwater Environmental Monitoring)、计算取证委员会(Computational Forensics)、遥感与绘图委员会(Remote Sensing and Mapping)、人机交互模式识别委员会(Pattern Recognition in Human Machine Interaction)、图形识别委员会(Graphics Recognition)、阅读系统委员会(Reading Systems)、多媒体与视觉信息系统委员会(Multimedia and Visual Information Systems)、图形表示法委员会(Graph Based Representations)、模式识别和图像分析中的代数和离散数学技

术委员会（Algebraic and Discrete Mathematical Techniques in Pattern Recognition and Image Analysis）、离散几何与数学形态学委员会（Discrete Geometry and Mathematical Morphology）、文化遗产应用计算机视觉委员会（Computer Vision for Cultural Heritage Applications）。

【会员类型】机构、个人。个人会员应加入所在国的 IAPR 会员机构，截至 2021 年，共有 50 个国家和地区的 9550 位个人会员

【会员机构】50 个机构，来自以下国家：*亚洲*：中、印、印尼、伊朗、以、日、韩、马、巴、新、土、越；*欧洲*：俄、奥、保、白、捷、西、瑞典、瑞士、丹、芬、希、法、德、匈、爱、意、荷、挪、波、葡、斯洛、乌克兰、英；*非洲*：突、南非；*大洋洲*：澳、新西；*北美洲*：墨、加、古、美；*南美洲*：阿根、智、乌、巴西

【现任主席】2022－2024 年：Arjan Kuijper（德）

【现任副主席】2022－2024 年：Lale Akarun（土）；刘成林（中）

【近十年主席】2010－2012 年：Denis Laurendeau（加）；2012－2014 年：Kim Boyer（美）；2014－2016 年：Ingela Nyström（瑞典）；2016－2018 年：Simone Marinai（意）；2018－2020 年：Apostolos Antonacopoulos（英）；2020－2022 年：Daniel Lopresti（美）

【出版物】《IAPR 通讯》（IAPR Newsletter）、《模式识别字母》（Pattern Recognition Letters）、《机器视觉与应用》（Machine Vision & Applications）、《国际文献分析与识别杂志》（International Journal on Document Analysis and Recognition）

【系列学术会议】两年举办一次国际模式识别大会（International Conference on Pattern Recognition），2016 年在墨西哥坎昆举行第 23 届大会，2018 年在中国北京举行第 24 届大会，2020 年在意大利米兰举行第 25 届大会，2022 年在加拿大蒙特利尔举行第 26 届大会。

【授予奖项】傅京孙奖（King Sun Fu Prize）：表彰在模式识别领域中做出杰出技术贡献的科学家，以纪念 IAPR 首任主席、美籍华裔科学家傅京孙；阿加沃尔奖（J. K. Aggarwal Prize）：表彰对 IAPR 相关技术领域做出实质性贡献、对相关学科领域产生重大影响的 40 岁以下青年科学家；玛丽亚·彼得鲁奖（Maria Petrou Prize）：表彰对模式识别领域做出实质性贡献的女性科学家或工程师；赞佩罗尼奖（P.Zamperoni Prize）：表彰在国际模式识别大会上发表杰出论文的学生；最佳产业相关论文奖（Best Industry Related Paper Award）：表彰在国际模式识别大会上发表的、作者中至少有一位来自企业或技术转移机构的优秀论文。

以上奖项均两年颁发一次。

【经费来源】会员会费、活动收入

【与中国的关系】中国科学院院士谭铁牛曾于 2010－2012 年担任 IAPR 第二副主席，于 2012－2014 年担任 IAPR 第一副主席。中国科学院自动化研究所刘成林研究员于 2022－2024 年担任 IAPR 第二副主席。2018 年 8 月，第 24 届国际模式识别大会在中国北京举行。

【官方网站】https://iapr.org/

5. 国际数据委员会

【英文全称和缩写】Committee on Data，CODATA

【组织类型】国际非政府组织（INGO）

【成立时间】1966 年

【总部(或秘书处)所在地】秘书处位于法国巴黎

【宗旨】作为国际科学理事会(ISC)下属的数据委员会，CODATA 致力于通过国际交流与合作提升各个领域科研数据的可获取性，以及提升数据的互操作性和可用性，支持在可查找(Findable)、可访问(Accessible)、可互操作(Interoperable)和可重用的(Reusable)原则(FAIR 原则)下，采取适当措施促进开放数据和开放科学。

【组织架构】设执行委员会、秘书处，以及两年调整一次的多个任务组(Task Groups)和工作组(Working Groups)。

【会员类型】机构

【会员机构】来自以下国家：*亚洲*：中、印、以、日、朝、蒙；*欧洲*：乌克兰、英、芬、俄；*非洲*：博、肯、南非；*大洋洲*：澳、新西；*北美洲*：加、美

【现任主席】2018－2023 年：Barend Mons（荷）

【现任副主席】2018－2023 年：黎建辉(中)；Alena Rybkina（俄）

【近十年主席】2010－2014 年：郭华东(中)；2014－2018 年：Geoffrey Boulton(英)

【出版物】《数据科学杂志》(Data Science Journal)

【系列学术会议】与"世界数据系统"(World Data System)合作，两年举办一次科学数据大会(全称 SciDataCon)，2014 年在印度新德里举办，2016 年在美国丹佛市举办，2018 年在博茨瓦纳哈博罗内举办，2021 年在线上举办，2022 年在韩国首尔举办；两年举办一次国际 CODATA 大会(International CODATA Conference)，2017 年在俄罗斯圣彼得堡举办，2019 年在中国北京举

办；两年举办一次国际数据周(International Data Week)，2016年在美国丹佛举办，2018年在博茨瓦纳哈博罗内举办，2022年在韩国首尔举办。

【授予奖项】CODATA奖(CODATA Prize)：表彰在促进研究数据的可用性、质量和使用方面取得杰出成就的个人，每两年颁发一次。

【经费来源】会费、储备基金(Reserve Fund)收益

【与中国的关系】中国于1984年成为CODATA正式会员国，并建立了CODATA中国委员会。中国科学院院士郭华东曾于2010－2016年担任CODATA主席。中国科学院计算机网络信息中心黎建辉研究员曾于2018－2022年担任CODATA副主席。国际CODATA大会曾于1992年、2006年、2019年在中国北京举行。

【官方网站】https://codata.org/

6. 国际图书馆协会联合会

【英文全称和缩写】International Federation of Library Associations and Institutions，IFLA

【组织类型】国际非政府组织(INGO)

【成立时间】1927年

【总部(或秘书处)所在地】荷兰海牙

【宗旨】旨在促进国际图书馆界、信息界的相互了解、合作、交流、研究和发展，制定图书馆和信息服务领域的标准。

【组织架构】设大会(General Assembly)、管理委员会(Governing Board)、专业理事会(Professional Council)、区域理事会(Regional Council)、咨询委员会(Advisory Committee)。

【会员类型】机构、个人

【会员机构】150个国家的1500多个机构

【现任主席】2021－2023年：Barbara Lison(德)

【近十年主席】2009－2011年：Ellen Tise(南非)；2011－2013年：Ingrid Parent(加)；2013－2015年：Sinikka Sipilä(法)；2015－2017年：Donna Scheeder(美)；2017－2019年：Glòria Pérez－Salmerón(西)；2019－2021年：Christine Mackenzie(澳)

【出版物】《IFLA图书馆》(IFLA Library)、《IFLA杂志》(IFLA Journal)、《IFLA专业报告》(IFLA Professional Reports)、《全球图书馆与信息研究》(Global Studies in Libraries and Information)

【系列学术会议】每年召开一次世界图书馆与信息大会(World Library and Information Congress)，2017年在波兰华沙举行，2018年在马来西亚吉隆坡举行，2019年在希腊雅典举行，2020年因新冠疫情取消，2021年以在线形式举行，2022年在爱尔兰都柏林举行。

【对外资助计划】早期职业发展奖学金(Early Career Development Fellowship)：为来自发展中国家的图书馆和信息科学专业人士提供早期职业发展和继续教育的机会；肖基·赛伦会议资助项目(Dr. Shawky Salem Conference Grant)：资助阿拉伯国家图书馆和信息科学专家参加世界图书馆与信息大会。

【授予奖项】荣誉会士(Honorary Fellow)：是IFLA的最高荣誉，表彰对IFLA的工作和世界图书馆事业做出卓越贡献的个人，不定期授予；IFLA奖章(IFLA Medal)：表彰对IFLA的工作和世界图书馆事业做出实质性贡献的个人，每年颁发一次；IFLA感谢奖(IFLA Scroll of Appreciation)：表彰对IFLA做出杰出贡献的志愿者，每年颁发一次。

【经费来源】约60%的收入来自会费，其他收入来源包括出版物销售收入、企业合作伙伴的现金和实物捐助、基金会和政府机构的赠款。

【与中国的关系】1981年，IFLA承认中国图书馆学会为唯一代表中国的协会会员。1996年，IFLA在中国北京举行第62届世界图书馆与信息大会。2017年，中山大学程焕文教授当选IFLA管理委员会委员。

【官方网站】https://www.ifla.org/

7. 国际信息处理联合会

【英文全称和缩写】International Federation for Information Processing，IFIP

【组织类型】国际非政府组织(INGO)

【成立时间】1960年

【总部(或秘书处)所在地】秘书处位于奥地利拉克森堡

【宗旨】作为信息和通信技术专业人员的联合会，旨在推动全球范围内的信息通信技术发展与应用。

【组织架构】设多个技术委员会(Technical Committees)，分别是：计算机科学基础委员会(Foundations of Computer Science)、软件理论与实践委员会(Software: Theory and Practice)、教育委员会(Education)、信息技术应用委员会(Information Technology Applications)、通信系统委员会(Communication Systems)、系统建模与优化委员会(System Modeling and Optimization)、信息系统委员会(Information Systems)、信息通信技术与社会委员会(ICT and

Society)、计算机系统技术委员会(Computer Systems Technology)、信息处理系统安全与隐私保护委员会(Security and Privacy Protection in Information Processing Systems)、人工智能委员会(Artificial Intelligence)、人机交互委员会(Human-Computer Interaction)、娱乐计算委员会(Entertainment Computing)，每个委员会还设有多个工作组(Working Groups)。

【会员类型】机构

【会员机构】来自以下国家：*亚洲*：中、印、日、伊朗、斯里、阿联酋、韩；*欧洲*：塞、保、比、奥、芬、法、德、克、捷、爱、意、立、荷、挪、波、葡、塞尔、斯洛、斯、瑞典、瑞士、乌克兰、英；*非洲*：津、尼日、南非；*大洋洲*：澳、新西；*北美洲*：加；*南美洲*：巴西

【现任主席】2022—2025 年：Anthony Wong(澳)

【现任副主席】2022—2025 年：Jan Gulliksen(瑞典)；Moira de Roche(南非)；Elizabeth Eastwood(新西)；Jacques Sakarovitch(法)

【近十年主席】2010—2016 年：Leon Strous(荷)；2016—2022 年：Mike Hinchey(爱)

【出版物】《教育与信息技术》(Education and Information Technologies)、《计算机与安全》(Computers & Security)、《国际关键基础设施保护杂志》(International Journal of Critical Infrastructure Protection)、《娱乐计算》(Entertainment Computing)

【系列学术会议】3 年举办一次 IFIP 世界计算机大会(IFIP World Computer Congress)，2009 年在澳大利亚布里斯班举行，2012 年在荷兰阿姆斯特丹举行，2015 年在韩国大田举行，2018 年在波兰波兹南举行。2~4 年举办一次世界信息技术论坛(IFIP World IT Forum)，2009 年在越南河内举行，2012 年在印度新德里举行，2016 年在哥斯达黎加圣何塞举行。4 年举行一次世界计算机教育大会(IFIP World Conferences on Computers in Education)，2009 年在巴西本托·贡萨尔维斯举行，2013 年在波兰托伦举行，2017 年在爱尔兰都柏林举行。

【授予奖项】艾萨克·奥尔巴赫奖(Isaac L. Auerbach Award)：表彰对 IFIP 使命做出重要支持和贡献的个人，两年颁发一次；银芯奖(IFIP Silver Core Award)：表彰对推动 IFIP 的使命做出重大贡献、取得重要成就的个人，两年颁发一次；服务奖(IFIP Service Award)：表彰在 IFIP 机构或重要活动中发挥积极作用的个人，每年颁发一次；IFIP 会士奖(IFIP Fellow Award)，表彰在信息处理领域做出突出贡献的科学家、工程师、教育家，每年颁发一次。

【经费来源】会费、期刊出版收入、基金收益

【与中国的关系】2000 年，在北京召开了 IFIP 世界计算机大会。

【官方网站】https://www.ifip.org/

8. 国际信息系统协会

【英文全称和缩写】Association for Information Systems，AIS

【组织类型】国际非政府组织（INGO）

【成立时间】1994 年

【总部（或秘书处）所在地】美国亚特兰大

【宗旨】在信息系统领域的实践与研究中增进知识和促进卓越，以造福社会。

【组织架构】设理事会

【会员类型】机构、个人。截至 2020 年，AIS 拥有来自全球 92 个国家和地区的 4834 名个人会员、69 个专业组织会员。

【现任主席】2022－2023 年：Suprateek Sarker（美）

【现任副主席】2022－2023 年：Michelle Carter（美）；Jan Marco Leimeister（瑞士）

【近十年主席】2012－2013 年：Doug Vogel（美）；2013－2014 年：Jane Fedorowicz（美）；2014－2015 年：Helmut Krcmar（德）；2015－2016 年：Jae Kyu Lee（韩）；2016－2017 年：Jason Thatcher（美）；2017－2018 年：Matti Rossi（芬）；2018－2019 年：梁定澎（中）；2019－2020 年：Alan Dennis（美）；2020－2021 年：Brian Fitzgerald（爱）；2021－2022 年：周荫强（中）

【出版物】《国际信息系统协会杂志》（Journal of the Association for Information Systems）、《国际信息系统协会人机交互汇刊》（AIS Transactions on Human-Computer Interactions）、《国际信息系统协会通讯》（Communications of the Association for Information Systems）、《亚太信息系统协会杂志》（Pacific Asia Journal of the Association for Information Systems）、《国际信息系统协会复制研究汇刊》（AIS Transactions on Replication Research）

【系列学术会议】AIS 每年分别举办一次国际信息系统大会（ICIS）、美洲信息系统大会（AMCIS）、亚太地区信息系统大会（PACIS）、欧洲地区信息系统大会（ECIS），参会人数均超过千人。

【授予奖项】AIS 在每年国际信息系统大会（ICIS）上颁发以下奖项：AIS 会士奖（AIS Fellow Award）、卓越领导奖（Leadership Excellence Award）、AIS 教育奖（AIS Education Awards）、LEO 奖（LEO Award）、桑德拉·斯劳特服务奖（Sandra Slaughter Service Award）、最佳出版物奖（Best Publications Awards）、早

期职业奖(Early Career Award)、博士生服务奖(Doctoral Student Service Award)、杰出会员纪念奖(Distinguished Member Memorial Award)、技术奖(Technology Awards)、对外联络实践出版奖(Outreach Practice Publication Award)、AIS 影响力奖(AIS Impact Award)。

【经费来源】会员会费、会议注册费、期刊销售收入和社会捐赠。根据 AIS 的 2020 年度工作报告,会议注册费占比最高,达到近 67%,会员会费收入占 21%。

【与中国的关系】中国香港城市大学教授魏国基曾于 2003－2004 年担任 AIS 主席。中国台湾中山大学梁定澎教授曾于 2018－2019 年担任 AIS 主席。宁波诺丁汉大学副校长周荫强曾于 2021－2022 年担任 AIS 主席。国际信息系统大会(ICIS)2011 年在中国上海举行。亚太地区信息系统大会(PACIS)1993 年在中国台湾高雄举行,2000 年在中国香港举行,2004 年在中国上海举行,2008 年在中国苏州举行,2010 年在中国台北举行,2014 年在中国成都举行,2016 年中国台湾嘉义举行,2019 年在中国西安举行。AIS 中国分会秘书处设在中国人民大学。

【官方网站】https://aisnet.org/

9. 互联网名称与数字地址分配机构

【英文全称和缩写】Internet Corporation for Assigned Names and Numbers,ICANN

【组织类型】国际非政府组织(INGO)

【成立时间】1998 年

【总部(或秘书处)所在地】美国洛杉矶

【宗旨】通过协调网络域名系统,保障互联网的安全、稳定、互操作性。

【主要活动】负责制定域名系统相关政策,包括通用顶级域名、国家和地区顶级域名、互联网协议政策。

【组织架构】设董事会(Board of Directors)、提名委员会(Nominating Committee)、政府咨询委员会(Governmental Advisory Committee)、普通会员咨询委员会(At-Large Advisory Committee)、安全和稳定咨询委员会(Security and Stability Advisory Committee)、根服务器系统咨询委员会(Root Server System Advisory Committee)、地址支持组织(Address Supporting Organization)、通用域名支持组织(Generic Names Supporting Organization)、国家代码域名支持组织(Country Code Name Supporting Organization)。

【现任主席】2018－2024 年:Tripti Sinha(美)

【现任副主席】2018－2024 年：Danko Jevtović（塞尔）

【系列学术会议】每年举办一次社区论坛（Community Forum），每年举办一次政策论坛（Policy Forum），每年举办一次年度大会（Annual General Meeting）。

【对外资助计划】设有奖学金计划（Fellowship Program），旨在为未得到充分服务和缺乏代表的国家和地区的个人提供机会，使他们积极参与 ICANN 的国际域名相关工作和国际交流。

【经费来源】域名注册费用

【官方网站】https://www.icann.org/

10．世界数据系统

【英文全称和缩写】World Data System，WDS

【组织类型】国际非政府组织（INGO）

【成立时间】2008 年

【宗旨】作为国际科学理事会（ISC）的成员之一，旨在通过协调和支持可信的科学数据服务，推动数据集的提供、保存和使用，保障学术界享有高质量的科学数据、信息及相关服务。

【总部（或秘书处）所在地】秘书处位于日本东京的国立信息通信研究所

【组织架构】设科学委员会（Scientific Committee）、国际项目办公室（International Program Office）、国际技术办公室（International Technology Office），以及 3 个工作组（Working Group）：可收集元数据服务工作组（Harvestable Metadata Service）、联合国可持续发展目标科普工作组（Citizen Science for the SDGs）、国际研究数据网络协调与支持工作组（Coordination and Support of International Research Data Networks）。

【会员类型】机构

【会员机构】86 个机构，来自以下国家：*亚洲*：中、日、印；*欧洲*：俄、乌克兰、荷、德、法、瑞士、比、丹、英、意、瑞典、爱、挪；*非洲*：南非；*大洋洲*：澳；*北美洲*：美、加

【现任主席】2021－2024 年：David Castle（加）

【现任副主席】2021－2024 年：Claudia Medeiros（巴西）；Hugh Shanahan（英）

【学术会议】两年举办一次科学数据大会（全称 SciDataCon），2014 年在印度新德里举行，2016 年在美国丹佛市举行，2018 年在博茨瓦纳哈博罗内举行，2021 年在线上举行，2022 年在韩国首尔举行。

【对外资助计划】设立了早期职业研究者与科学家网络计划（Early Career

Researchers and Scientists Network），为会员提供参与年度数据管理培训的机会。

【授予奖项】数据成就奖（Data Stewardship Award）：表彰通过积极参与数据界的工作、取得学术研究成果等方式，为改善科学数据管理做出杰出贡献的、处在职业生涯早期的学者，每年颁发一次。

【经费来源】国际科学理事会（ISC）拨付，WDS 国际项目办公室、国际技术办公室的所挂靠的当地机构也提供经费支持。

【与中国的关系】中国科学院地理科学与资源研究所王卷乐研究员现担任WDS 科学委员会委员。2020 年，中国科学院空天信息创新研究院张连翀博士当选 WDS 青年科学家联盟（WDS-ECR Network）联合主席。

【官方网站】https://www.worlddatasystem.org/

11. 万维网联盟

【英文全称和缩写】World Wide Web Consortium，W3C

【组织类型】国际非政府组织（INGO）

【成立时间】1994 年

【总部（或秘书处）所在地】位于法国的欧洲信息与数学研究联盟（European Research Consortium for Informatics and Mathematics，ERCIM）

【宗旨】旨在推动国际互联网界的合作，共同制定相关标准。

【组织架构】设指导委员会（Steering Committee）、顾问委员会（Advisory Board）、技术架构组（Technical Architecture Group）和多个工作组（Working Groups），在美国、日本、中国等地设有办事处。

【会员类型】机构、个人

【会员机构】截至 2021 年，W3C 拥有 433 个机构会员，主要包括企业、高校、科研机构、政府机构 4 类。

【现任主席】2022—2024 年：David Singer（美）

【系列学术会议】每年举办一届国际万维网大会和一届全球技术大会。

【经费来源】会费、赞助、个人捐赠。其中，赞助主要来自欧盟委员会、北京大学、庆应义塾大学、苹果公司、阿里巴巴集团、福特基金会等。

【与中国的关系】万维网联盟（中国）香港办事处成立于 1998 年 11 月，现设址于香港科技大学。万维网联盟中国办事处成立于 2006 年 4 月，现设址于北京航空航天大学。第 17 届国际万维网大会于 2008 年 4 月在北京举办。2013 年 11月，全球技术大会在深圳召开。

【官方网站】https://www.w3.org/

12. 空间数据系统咨询委员会

【英文全称和缩写】Consultative Committee for Space Data Systems，CCSDS

【组织类型】国际非政府组织(INGO)

【成立时间】1982 年

【宗旨】为商讨和解决太空数据系统开发、运营中面临的共性问题提供交流平台。

【组织架构】设管理理事会(Management Council)和工程指导组(Engineering Steering Group)，下设6个专业领域，分别为：系统工程领域(Systems Engineering Area)、任务运营和信息管理服务领域(Mission Operations and Information Management Services Area)、交叉支持服务领域(Cross Support Services Area)、航天器机载接口服务领域(Spacecraft Onboard Interface Services Area)、空间连接服务领域(Space Link Services Area)、空间互联服务领域(Space Internetworking Services Area)，每个领域各下设 2~4 个工作组。

【会员类型】机构

【会员机构】11 个正式会员机构，来自以下国家：*亚洲*：中、日；*欧洲*：意、法、德、西、俄、英；*北美洲*：加、美。另外还包括 32 个观察员机构和 119 个行业协会。

【现任秘书长】2018 年至今：Sami Asmar(美)

【例会周期】每年春秋两季各召开一次 CCSDS 管理理事会会议

【授予奖项】CCSDS 名人堂(CCSDS Hall of Fame)：表彰为 CCSDS 的使命做出重大贡献的卸任领导人。

【与中国的关系】中国国家航天局是 CCSDS 的会员机构。

【官方网站】https://public.ccsds.org/default.aspx

(九)工程与材料科学

1. 国际薄膜学会

【英文全称和缩写】Thin Films Society，TFS

【组织类型】国际非政府组织(INGO)

【成立时间】2009 年

【总部(或秘书处)所在地】新加坡

【宗旨】致力于薄膜、涂层技术和科学的各种应用，为科研人员、材料与设备供应商、产品设计师等薄膜领域的相关专业人员提供交流新知识的平台。

【组织架构】设执行委员会

【会员国】*亚洲*：中、日、韩；*欧洲*：英、德；*北美洲*：美

【现任主席】2022－2023 年：张善勇（中）

【现任副主席】2022－2023 年：Pei-Chen Su（新）

【系列学术会议】每两年举办一次国际薄膜大会，2016 年在新加坡举行，2018 年在中国深圳举行。

【经费来源】研究机构与企业赞助

【与中国的关系】西南大学张善勇教授现担任 TFS 主席。国际薄膜大会曾于 2010 年、2014 年、2018 年分别在哈尔滨、重庆、深圳举办。

【官方网站】https://www.thinfilms.sg/

2. 国际材料与结构研究实验联合会

【英文全称和缩写】International Union of Laboratories and Experts in Construction Materials, Systems and Structures，RILEM（为法语名 "Réunion Internationale des Laboratoires et Experts des Matériaux, systèmes de construction et ouvrages" 的缩写）

【组织类型】国际非政府组织（INGO）

【成立时间】1947 年

【总部（或秘书处）所在地】法国巴黎

【宗旨】旨在促进建筑材料和结构领域的科学合作，推进与建筑材料、系统和结构相关的科学知识在世界范围内的传播和应用，制定建筑材料与结构方面的指南与标准。

【组织架构】设总理事会（General Council）、发展咨询委员会（Development Advisory Committee）、技术活动委员会（Technical Activities Committee），以及 6 个技术委员会（Technical Committees）：材料加工与表征委员会（Material Processing and Characterization）、运输与退化机制委员会（Transport and Deterioration Mechanisms）、结构性能与设计委员会（Structural Performance and Design）、使用寿命与环境影响评估委员会（Service Life and Environmental Impact Assessment）、砖石、木材与文化遗产委员会（Masonry, Timber and Cultural Heritage）、沥青材料与聚合物委员会（Bituminous Materials and Polymers）。

【会员类型】机构、个人

【会员机构】57 个机构，来自以下国家：*亚洲*：日、印、科、以、中；*欧洲*：英、捷、德、波、瑞典、丹、瑞士、西、意、法、比、荷、葡、斯洛、克、立；*北美洲*：美；*南美洲*：阿根

【现任主席】2021—2024 年：Nicolas Roussel（法）

【现任副主席】2021—2024 年：Nele De Belie（比）

【近十年主席】2009—2012 年：Peter Richner（瑞士）；2012—2015 年：Mark Alexander（南非）；2015—2018 年：Johan Vyncke（比）；2018—2021 年：Ravindra Gettu（印）

【出版物】《材料与结构杂志》（Materials and Structures Journal）、《RILEM 技术快报》（RILEM Technical Letters）、《混凝土科学与工程杂志》（Concrete Science and Engineering Journal）

【系列学术会议】两年举办一次国际生物基建筑材料大会（International Conference on Bio-Based Building Materials），每年举办一次 RILEM 水泥复合材料微观结构耐久性国际会议（International RILEM Conference on Microstructure Related Durability of Cementitious Composites）。

【授予奖项】罗伯特·赫尔米特奖（Robert L'Hermite Medalists）：表彰在建筑材料和结构领域做出杰出科学贡献的 40 岁以下科学家；古斯塔沃·科洛内蒂奖章（Gustavo Colonnetti Medalists）：表彰在建筑材料和结构领域做出杰出科学贡献的 35 岁以下科研人员；RILEM 最佳学生海报奖（RILEM Best Student Poster Award）：表彰在 RILEM 的学术会议上发表优秀论文的学生。以上奖项均每年颁发一次。

【经费来源】会费

【官方网站】https://www.rilem.net/

3. 国际测量师联合会

【英文全称和缩写】International Federation of Surveyors，FIG（为法语名 Fédération Internationale des Géomètres 的缩写）

【组织类型】国际非政府组织（INGO）

【成立时间】1878 年

【总部（或秘书处）所在地】丹麦哥本哈根

【宗旨】代表全球测量师利益，组织国际论坛讨论并推动相关领域的专业实践与标准的发展。

【组织架构】设大会（General Assembly）、理事会（Council），以及 10 个委员会（Commissions），分别为：专业标准和实践委员会（Professional Standards and Practice）、工程测量委员会（Engineering Surveys）、专业培训委员会（Professional Education）、地籍和土地管理委员会（Cadastre and Land Management）、空间信息管理委员会（Spatial Information Management）、空间规划和发展委员会（Spatial Planning and Development）、水文地理学委员会（Hydrography）、房地产估价与管理委员会（Valuation and the Management of Real Estate）、定位和测量委员会（Positioning and Measurement）、建筑经济与管理委员会（Construction Economics and Management）。

【会员类型】机构

【会员机构】有 4 类会员机构：来自 88 国家的 104 个行业协会、来自 51 个国家的 88 个学术机构、来自 42 个国家的测绘调查机构、22 家企业会员

【现任主席】2023－2026 年：Diane Dumashie（英）

【现任副主席】2021－2024 年：Mikael Lilje（瑞典）、Kwame Tenadu（加纳）；2023－2026：Winnie Shiu（美）、Daniel Steudler（瑞士）

【近十年主席】2011－2014 年：Teo CheeHai（马）；2015－2018 年：Chryssy A Potsiou（希）；2019－2022 年：Rudolf Staiger（德）

【系列学术会议】每 4 年召开一届 FIG 国际大会（FIG's International Congresses），2014 年第 25 届在马来西亚吉隆坡举办，2018 年第 26 届在土耳其伊斯坦布尔举办，2022 年第 27 届在波兰华沙举办。两届 FIG 国际大会之间每年举办一次 FIG 工作周（FIG Working Weeks），2015－2017 年分别在保加利亚索非亚、新西兰基督城和芬兰赫尔辛基举办，2019 和 2020 年分别在越南河内和荷兰阿姆斯特丹举办，2021 年在线上举办。

【对外资助计划】FIG 基金会向专业领域的课程、培训项目开发和研究成果的传播提供资助，向优秀博士生和科研人员提供奖学金。

【经费来源】会费、企业赞助

【与中国的关系】中国于 1981 年加入 FIG，中国测绘学会、中国房地产估价师与房地产经纪人学会、中国土地学会是 FIG 会员。中国测绘科学研究院院长张继贤于 2019－2022 年担任 FIG 副主席。

【官方网站】https://www.fig.net/index.asp

4. 国际电工委员会

【英文全称和缩写】International Electrotechnical Commission，IEC

【组织类型】国际非政府组织（INGO）

【成立时间】1906 年

【总部（或秘书处）所在地】瑞士日内瓦

【宗旨】作为国际性的电工标准化组织，致力于保障电气、电子和信息技术的安全性、效率、可靠性和互操作性，承担电气工程和电子工程相关的国际标准制定工作。

【组织架构】设大会、理事会（Council Board）、执行委员会（Executive Committee），下设标准化管理委员会（Standardization Management Board）、市场战略委员会（Market Strategy Board）、合格评定委员会（Conformity Assessment Board），3 个委员会下各自设若干不同的工作组（Working Group）。其中，最重要的标准化管理委员会下设 110 个技术委员会（Technical Committees）、102 个分会（Subcommittees）、710 个工作组，具体承担各类标准的制定工作。

【会员类型】机构

【会员机构】来自以下国家：*亚洲*：中、新、印尼、日、韩、马、菲、泰、印、巴、伊朗、伊、以、沙特、卡、科、阿联酋、阿曼；*欧洲*：瑞典、挪、丹、白、俄、乌克兰、波、捷、斯、匈、德、奥、瑞士、爱、荷、比、卢、法、罗、保、塞尔、希、斯洛、克、意、西；*非洲*：阿尔、尼日；*大洋洲*：澳、新西；*北美洲*：美；*南美洲*：秘、巴西、智、阿根

【现任主席】2023－2025 年：Jo Cops（比）

【现任副主席】2023－2025 年：Shawn Paulsen（加）；Kazuhiko Tsutsumi（日）；Vimal Mahendru（印）

【近十年主席】2017－2020 年：James M. Shannon（美）；2020－2022 年：舒印彪（中）

【例会周期】每年举行一次 IEC 大会（IEC General Meeting），2017 年在俄罗斯符拉迪沃斯托克举行，2018 年在韩国釜山举行，2019 年在中国上海举行，2020 年在线举行，2021 年在阿联酋迪拜举行，2022 年在美国旧金山举行。

【授予奖项】开尔文勋爵奖（Lord Kelvin Award）：是 IEC 的最高荣誉，表彰在电气工程领域取得的长期成就，每年颁发一次；托马斯·A·爱迪生奖（Thomas A Edison Award）：表彰 IEC 的 3 个委员会中的领导人员取得的杰出成就，每年颁发一次；1906 年奖（1906 Award）：表彰 3 个委员会中的专家取得的杰出成就，每年颁发一次。

【经费来源】会费

【与中国的关系】IEC 中国委员会（IEC National Committee）设在国家标准化

管理委员会。2019 年，IEC 与深圳技术大学签署合作宣言。中国国家电网有限公司董事长舒印彪曾于 2020－2022 年担任 IEC 主席。2002 年，第 66 届 IEC 大会在北京举办；2019 年，第 83 届 IEC 大会在上海举办。

【官方网站】https://www.iec.ch/homepage

5．国际铬发展协会

【英文全称和缩写】International Chromium Development Association，ICDA

【组织类型】国际非政府组织（INGO）

【成立时间】1984 年

【总部（或秘书处）所在地】法国巴黎

【宗旨】致力于促进发挥铬的价值，并通过组织论坛和研发项目推动全球铬行业发展。

【组织架构】设理事会以及 6 个专业委员会，包括：健康、环境安全与可持续性委员会、市场研究委员会、市场开发委员会、交流与促进委员会、铬化学品及金属委员会、中国委员会。

【会员类型】机构

【会员机构】25 个国家的 99 家企业

【现任主席】Zelda Du Preez（南非）

【出版物】收集和发布全球铬行业相关生产、贸易数据、行业新闻，发布中英文双语种的《市场动向周刊》（Weekly Market Update），每年发表《年度统计公报》（Annual Statistical Bulletin）。

【系列学术会议】每年举办一次铬行业大会，2016 年在中国上海召开，2017 年在哈萨克斯坦阿斯塔纳召开，2018 年在中国内蒙古包头市召开，2019 年在印度新德里召开，2022 年在土耳其伊斯坦布尔召开。

【经费来源】会费、会员赞助

【与中国的关系】由于中国占全球铬铁和不锈钢产量的 50%以上，ICDA 设有专门支持中国铬行业的中国委员会，负责提供铬行业的市场情报，并就市场发展、健康安全环境、可持续发展等组织论坛活动。

【官方网站】https://www.icdacr.com/

6．国际工程与技术科学院理事会

【英文全称和缩写】International Council of Academies of Engineering and Technological Sciences，CAETS

【组织类型】国际非政府组织(INGO)

【成立时间】1978 年

【总部(或秘书处)所在地】美国华盛顿

【宗旨】作为面向工程与技术领域科研机构的国际组织,致力于为各国政府和国际组织就工程技术领域的技术和政策问题提供咨询,推动工程与技术活动,促进全球经济的可持续增长,提高社会福祉,在全球范围内推进工程教育和实践,培养公众对工程与技术实践的了解,为工程与技术领域的国际交流提供平台,推动符合各方共同利益的国际工程技术合作,帮助尚没有工程技术科研机构的国家建立相关机构。

【组织架构】设董事会、理事会

【会员类型】机构

【会员机构】31 个机构,来自以下国家:*亚洲*:中、印、日、韩、巴;*欧洲*:比、克、捷、丹、芬、法、德、匈、爱、荷、挪、塞尔、斯洛、西、瑞典、瑞士、英;*非洲*:尼日、南非;*大洋洲*:澳、新西;*北美洲*:加、墨、美;*南美洲*:阿根、乌

【现任主席】2023 年:Vedran Mornar(克)

【近十年主席】2019 年:Tuula Teeri(瑞典);2020 年:Oh-Kyong Kwon(韩);2021 年:Manuel Solanet(阿根);2022 年:Denis Ranque(法)

【系列学术会议】每年举行一次 CAETS 大会,由会员机构承办,2017 年由西班牙皇家工程院承办,2018 年由乌拉圭国家工程院承办,2019 年由瑞典皇家工程院承办,2020 年由韩国国家工程院承办,2021 年由阿根廷国家工程院承办,2022 年由法国国家技术科学院承办。

【经费来源】会员会费

【与中国的关系】中国工程院于 1997 年成为 CAETS 会员。中国工程院院长李晓红曾于 2019－2020 年担任 CAETS 理事会理事。2000 年、2014 年的 CAETS 理事会大会由中国工程院承办,均在北京举行。

【官方网站】https://www.newcaets.org/

7. 国际计量局

【法文全称和缩写】Bureau International des Poids et Mesures, BIPM

【组织类型】国际非政府组织(INGO)

【总部(或秘书处)所在地】法国巴黎

【宗旨】BIPM 是国际计量大会(General Conference of Weights and Measures)

和国际计量委员会(International Committee for Weights and Measures)的执行机构,致力于保证世界范围内计量的统一,负责建立主要计量单位的基准、保存国际米原器、组织国家基准与国际基准的比对、协调有关基本物理常数的计量工作。

【组织架构】设化学部、电离辐射部、物理计量部、时间部、国际联络部等部门。

【会员类型】机构

【会员机构】来自以下国家:*亚洲*:中、印、印尼、伊朗、伊、以、日、哈、韩、马、巴、沙特、新、泰、土、阿联酋;*欧洲*:奥、白、比、保、克、捷、丹、爱沙、芬、法、德、希、匈、爱、意、立、黑、荷、挪、波、葡、罗、俄、塞尔、斯、斯洛、西、瑞典、瑞士、乌克兰、英;*非洲*:埃、肯、摩、南非、突;*大洋洲*:澳、新西;*北美洲*:加、墨、美;*南美洲*:阿根、巴西、智、哥伦、厄、乌

【现任主席】C. Fellag Ariouet(法)

【近十年主席】M. W. Louw(南非)

【系列学术会议】4 年举办一次国际计量大会,2018 年、2022 年均在法国巴黎举办。

【经费来源】会费

【与中国的关系】中国于 1977 年成为 BIPM 正式会员,中国计量科学研究院是中方代表机构。

【官方网站】https://www.bipm.org/en/

8. 国际建筑与建设研究创新理事会

【英文全称和缩写】International Council for Research and Innovation in Building and Construction,CIB

【组织类型】国际非政府组织(INGO)

【成立时间】1953 年

【总部(或秘书处)所在地】秘书处现位于加拿大渥太华

【宗旨】致力于为会员提供国际合作与信息交流的服务,从而鼓励和支持会员在建筑工程领域进行科学研究与创新。

【组织架构】设全体大会、董事会,以及多个任务组和工作委员会。

【会员类型】机构、个人

【会员机构】14 个机构,来自以下国家:*亚洲*:日、伊朗、中;*欧洲*:荷、

意、英、丹、芬；*大洋洲*：澳、新西；*北美洲*：加、美

【现任主席】2022－2025 年：Makarand Hastak（美）

【现任副主席】2022－2025 年：Patricia Tzortzopoulos Fazenda（英）；Ron Wakefield（澳）

【近十年主席】2010－2013 年：John McCarthy（澳）；2013－2016 年：Shyam Sunder（美）；2016－2018 年：Helena Soimakallio（芬）；2018－2019 年：Richard Tremblay（加）；2019－2022 年：Keith Hampson（澳）

【出版物】《建筑环境项目与资产管理》（Built Environment Project and Asset Management）

【系列学术会议】3 年举行一次世界建筑大会（World Building Congress），会议规模约 450 人，2013 年在澳大利亚布里斯班举行第 19 届大会，2016 年在芬兰坦佩雷举行第 20 届大会，2019 年在中国香港举行第 21 届大会，2022 年在澳大利亚墨尔本举行第 22 届大会。

【授予奖项】荣誉会员（Honorary Members）：作为 CIB 的最高荣誉，表彰对 CIB 目标做出长期重大贡献的会员；塞贝斯特恩未来领袖奖（Sebestyén Future Leaders Award）：表彰学生竞赛的获胜者，每年颁发一次；最佳论文奖（Best Dissertation Award）：表彰优秀的博士论文，每年颁发一次。

【经费来源】会员会费

【与中国的关系】清华大学方东平教授于 2022－2025 年担任 CIB 董事会成员。2019 年，在中国香港举办了第 21 届世界建筑大会。

【官方网站】https://cibworld.org/

9. 国际晶体学联合会

【英文全称和缩写】International Union of Crystallography，IUCr

【组织类型】国际非政府组织（INGO）

【成立时间】1948 年

【总部（或秘书处）所在地】秘书处现位于英国切斯特

【宗旨】致力于促进晶体学的国际合作和发展，以及标准化的方法、术语的发展。

【组织架构】设大会、执行委员会、财务委员会、咨询委员会。

【会员类型】机构

【会员机构】来自以下国家：*亚洲*：巴、孟、中、印、印尼、马、泰、越、以、日、韩、新、土；*欧洲*：阿、奥、比、保、克、捷、丹、芬、法、德、希、

匈、爱、意、荷、挪、波、葡、俄、塞尔、斯洛、西、瑞典、瑞士、英；*非洲*：阿尔、喀、埃、摩、南非、突；*大洋洲*：澳、新西；*北美洲*：加、哥斯、墨、美；*南美洲*：阿根、巴西、智、乌、委。另有多个区域性国际组织会员：美洲晶体学协会（American Crystallographic Association）、亚洲晶体学协会（Asian Crystallographic Association）、欧洲晶体学协会（European Crystallographic Association）、拉丁美洲晶体学协会（Latin American Crystallographic Association）

【现任主席】2021－2024 年：H.A. Dabkowska（加）

【现任副主席】2021－2024 年：S. Garcia-Granda（西）

【近十年主席】2011－2014 年：G.R. Desiraju（印）；2014－2017 年：M.L. Hackert（美）；2017－2021 年：S.Lidin（瑞典）

【出版物】《晶体学报 A 卷：基础与进展》（Acta Crystallographica Section A: Foundations and Advances）、《晶体学报 B 卷：结构科学、晶体工程与材料》（Acta Crystallographica Section B: Structural Science, Crystal Engineering and Materials）、《晶体学报 C 卷：结构化学》（Acta Crystallographica Section C: Structural Chemistry）、《晶体学报 D 卷：结构生物学》（Acta Crystallographica Section D: Structural Biology）、《晶体学报 E 卷：晶体通信》（Acta Crystallographica Section E: Crystallographic Communications）、《晶体学报 F 卷：结构生物学通讯》（Acta Crystallographica Section F: Structural Biology Communications）、《应用晶体学杂志》（Journal of Applied Crystallography）、《同步辐射杂志》（Journal of Synchrotron Radiation）

【系列学术会议】3 年召开一次 IUCr 大会（Triennial Congresses of the IUCr），2011 年在西班牙马德里召开第 22 届大会，2014 年在加拿大蒙特利尔召开第 23 届大会，2017 年在印度海得拉巴召开第 24 届大会，2021 年在捷克布拉格召开第 25 届大会，2023 年在澳大利亚墨尔本召开第 26 届大会。

【对外资助计划】设有 IUCr 对外联络与教育基金（The IUCr Outreach and Education Fund），支持晶体学相关宣传、教育培训等。

【授予奖项】厄瓦尔奖（Ewald Prize）：表彰获奖者在晶体学领域的杰出贡献，3 年颁发一次；布拉格奖（W. H. & W. L. Bragg Prize）：奖励有发展潜力的晶体学家，3 年颁发一次；斯特鲁奇科夫奖（Struchkov Prize）：表彰在化学、晶体化学或材料的小分子 X 射线衍射方法应用领域取得杰出成就的科学家。

【与中国的关系】中国晶体学会前身为 IUCr 中国委员会，1978 年以该名义加入 IUCr。中国科学院院士唐有祺曾于 1984 年当选 IUCr 第十三届执行委员会委员，又于 1987 年当选 IUCr 第十四届副主席。中国科学院院士张泽曾于 1999－2005 年担 IUCr 执行委员会委员。1993 年，第 16 届 IUCr 大会在中国北京举办。

【官方网站】https://www.iucr.org/

10. 国际水利环境工程与研究协会

【英文全称和缩写】The International Association for Hydro-Environment Engineering and Research，IAHR

【组织类型】国际非政府组织（INGO）

【成立时间】1935 年

【总部（或秘书处）所在地】在中国北京和西班牙马德里各设一个秘书处

【宗旨】致力于促进水利工程的研究与应用，为有效解决水利工程领域全球性问题做出贡献。

【组织架构】设理事会（Council）、会员委员会（Membership Committee）、出版委员会（Publications Committee）、财务委员会（Finance Committee）、奖项委员会（Awards Committee）、提名委员会（Nominating Committee），以及 6 个任务组（Task Forces），分别为：加强多元化和性别平等任务组（Task Force on Strengthening Diversity and Gender Equity）、青年专家网络发展任务组（Task Force on Young Professionals Network Development）、会员福利和认可任务组（Task Force on Membership Benefits and Recognition）、专著系列任务组（Task Force on Monograph Series）、出版物组合评论任务组（Task Force on Publications Portfolio Review）、制度优化任务组（Task Force on Institutional Advancement）。另设有多个专业委员会和工作组。

【会员类型】机构（191 个国家和地区的 118 个机构会员）、个人（约 4000 名个人会员）

【现任主席】2019－2023 年：李行伟（Joseph Hun-wei Lee）（中国澳门）

【现任副主席】2019－2023 年：Robert Ettema（美）；Amparo López Jiménez（西）；Hyoseop Woo（韩）

【近十年主席】2011－2015 年：Roger Falconer（英）；2015－2019 年：Peter Goodwin（美）

【出版物】《水利研究杂志》（Journal of Hydraulic Research）、《水环境研究杂志》（Journal of Hydro-environment Research）、《流域管理杂志》（Journal of River Basin Management）、《应用水工程与研究杂志》（Journal of Applied Water

Engineering and Research)、《生态水力学杂志》(Journal of Ecohydraulics)、《伊比利亚-美洲水杂志》(RIBAGUA)、《国际沉积物研究杂志》(International Journal of Sediment Research)、《水文信息学杂志》(Journal of Hydroinformatics)、《城市水杂志》(Urban Water Journal)、《国际水资源开发杂志》(International Journal of Water Resources Development)、《国际计算流体动力学杂志》(International Journal of Computational Fluid Dynamics)、《土木工程与环境系统》(Civil Engineering and Environmental Systems)、《环境技术》(Environmental Technology)

【系列学术会议】每两年举办一次国际水利学大会(IAHR World Congress),每次约有 800 至 1500 名会员参加会议。2015 年第 36 届在荷兰海牙举办,2017 年第 37 届在马来西亚吉隆坡举办,2019 年第 38 届在巴拿马的巴拿马城举办,2022 年第 39 届在西班牙格拉纳达举办,2023 年第 40 届在奥地利维也纳举办。

【授予奖项】荣誉会员(Honorary Membership Award):表彰杰出的个人会员或机构会员,两年颁发一次;塞利姆·雅林终身成就奖(M. Selim Yalin Lifetime Achievement Award):表彰对水利工程科学与应用做出杰出贡献且有出色教学能力的会员,两年颁发一次;A.T.伊本奖(Arthur Thomas Ippen Award):表彰在基础水利工程研究、应用领域表现出卓越能力和取得成就的 45 岁以下青年会员,两年颁发一次;最佳审稿人奖(Willi H. Hager JHR Best Reviewer Award):表彰《水利研究杂志》的最佳审稿人,两年颁发一次,最多可评选 3 人;哈罗德·扬·休梅克奖(Harold Jan Schoemaker Award):表彰在《水利研究杂志》发表杰出论文的作者,两年颁发一次; JRBM 最佳论文奖(JRBM Best Paper Award):表彰在《流域管理杂志》发表的最佳原创研究,每年颁发一次;RIBAGUA 最佳论文奖(RIBAGUA Best Paper Award):表彰在《伊比利亚-美洲水杂志》发表的优秀论文;水环境世界遗产奖(IAHR Hydro-Environment World Heritage Award):表彰具有持久国际影响的地方水利基础设施建设和相关工程活动;工业创新奖(IAHR Industry Innovation Award):表彰具有持久性和国际重要性的地方水利工程创新成果;区域水环境遗产和工业创新奖(Regional IAHR Hydro-Environment Heritage and Industry Innovation Awards):由 IAHR 区域代表大会颁发,表彰区域范围内的杰出水利基础设施;格哈德·吉尔卡青年学者奖(IAHR Gerhard Jirka Award for Young Researchers):表彰在欧洲区域分会上发表优秀演讲的青年科研人员; IAHR 生态水力学委员会荣誉会士(Honorary Fellows of the IAHR Ecohydraulics Committee):表彰在生态水力学领域中取得杰出成就或为 IAHR 提供了出色服务的个人。

【经费来源】会员会费、会议注册费、捐赠

【与中国的关系】IAHR 中国分会在国内受中国水利学会领导，在国际上接受 IAHR 的业务指导。中国学者中先后有清华大学董曾南教授、中国水利水电科学研究院高季章院长、中国水利水电科学研究院水力学研究所前所长李桂芬、清华大学王兆印教授、河海大学张长宽教授担任 IAHR 理事会理事。香港科技大学李行伟教授于 2019－2023 年担任 IAHR 主席。2001 年 9 月，第 29 届国际水利学大会在北京举行。2013 年 9 月，第 35 届国际水利学大会在成都举行，IAHR 主席罗杰·福克纳与中国水利部副部长矫勇共同向都江堰水利工程颁发水环境世界遗产奖，这是大会首次颁发此奖项。

【官方网站】https://www.iahr.org/

11. 国际黏土研究协会

【英文全称和缩写】International Association for the Study of Clays，AIPEA（为法语名 Association Internationale pour l'Étude des Argiles 的缩写）

【组织类型】国际非政府组织（INGO）

【成立时间】1948 年

【总部（或秘书处）所在地】英国伦敦

【宗旨】致力于促进世界范围内的黏土研究与国际合作。

【组织架构】设理事会、3 个专业委员会：命名委员会（Nomenclature Committee）、教学委员会（Teaching Committee）、危险矿物委员会（Hazardous Minerals Committee）

【会员类型】机构、个人

【会员机构】24 个机构，来自以下国家：*亚洲*：中、印、日、韩、以、土；*欧洲*：俄、英、克、捷、法、匈、意、波、葡、斯、西、乌克兰、德、奥、瑞士；*非洲*：阿尔、突；*北美洲*：美

【现任主席】2022－2025 年：Bruno Lanson（法）

【现任副主席】2022－2025 年：周春晖（中）

【近十年主席】2009－2013 年：C. Breen（英）；2013－2017 年：Saverio Fiore（意）；2017－2021 年：Reiner Dohrmann（德）

【系列学术会议】每 4 年举办一次国际黏土大会（International Clay Conference），2017 年在西班牙格拉纳达举行第 16 届大会，2022 年在土耳其伊斯坦布尔举行第 17 届大会。

【对外资助计划】设有学生差旅基金（Student Travel Fund），资助学生参加

国际黏土大会学术交流活动，每人最多 500 美元。

【授予奖项】AIPEA 奖章（AIPEA Medals）：表彰对黏土科学做出杰出贡献的科学家；AIPEA 会士奖（AIPEA Fellowship）：表彰终生从事黏土科学研究的科学家；布拉德利奖（Bradley Award）：为有兴趣参加国际黏土大会的学生提供参会经费资助；最佳演讲学生和海报奖（Student Best Speaker & Poster Awards）：表彰在国际黏土大会上发表出色演讲的青年学者。以上奖项均 4 年颁发一次。

【经费来源】会费、捐款

【与中国的关系】浙江工业大学周春晖教授曾于 2017－2021 年担任 AIPEA 理事会成员，于 2022－2025 年担任 AIPEA 副主席。2022 年，中国科学院广州地球化学研究所何宏平研究员获得 AIPEA 奖章。

【官方网站】https://aipea.org/

12. 国际照明委员会

【英文全称和缩写】International Commission on Illumination，CIE（为法语名 Commission Internationale de l'Eclairage 的缩写）

【组织类型】国际非政府组织（INGO）

【成立时间】1913 年

【总部（或秘书处）所在地】奥地利维也纳

【宗旨】致力于推动与光、照明相关的研究与交流活动，指导制定光、照明领域的国际标准和国家标准。

【组织架构】设大会（General Assembly）、管理委员会（Board of Administration）、中央局（Central Bureau），以及 6 个部门（Divisions），分别为：视觉与色彩部（Vision and Color）、光与辐射测量部（Measurement of Light and Radiation）、室内环境与照明设计部（Interior Environment and Lighting Design）、交通与外部应用部（Transportation and Exterior Applications）、光生物学与光化学部（Photobiology and Photochemistry）、图像技术部（Image Technology），每个部门下设多个技术委员会（Technical Committees）。

【会员类型】机构

【会员机构】来自以下国家：*亚洲*：中、以、日、韩、马、土、沙特；*欧洲*：奥、比、保、瑞士、捷、德、丹、西、芬、法、英、希、匈、意、荷、挪、波、罗、塞尔、俄、瑞典、斯洛、斯；*大洋洲*：澳、新西；*北美洲*：加、美；*南美洲*：巴西

【现任主席】2019－2023 年：Peter Blattner（瑞士）

【现任副主席】2019—2023 年：郝洛西(中)；Jennifer Veitch(加)；John O'Hagan(英)；Ronald Gibbons(美)；Teresa Goodman(英)；Erkki Ikonen(芬)；Anna Shakhparunyants(俄)；Kees Teunissen(荷)；Lorne Whitehead(加)

【近十年主席】2015—2019 年：Yoshihiro Ohno(美)

【系列学术会议】每 4 年举行一次国际照明委员会大会(Quadrennial Session of the International Commission on Illumination)，第 28 届于 2015 年在英国曼彻斯特举行，第 29 届于 2019 年在美国华盛顿特区举行。

【经费来源】会员会费、会议注册费、培训费、出版物销售收入、捐赠、赞助

【与中国的关系】中国照明学会于 1987 年以中国国家照明委员会的名义加入 CIE。同济大学郝洛西教授于 2019—2023 年担任 CIE 副主席。第 26 届国际照明委员会大会于 2007 年 7 月在中国北京举办，会议规模约为 800 人。

【官方网站】https://cie.co.at/

13. 国际真空科学技术与应用联盟

【英文全称和缩写】International Union for Vacuum Science, Technique and Applications，IUVSTA

【组织类型】国际非政府组织(INGO)

【成立时间】1958 年

【总部(或秘书处)所在地】比利时布鲁塞尔

【宗旨】促进真空科学、技术和应用以及相关学科领域的国际合作。

【组织架构】设大会(General Meeting)、执行理事会(Executive Council)、科技局(Scientific and Technical Directorate)，以及 9 个科学部(Divisions)：应用表面科学部(Applied Surface Science)、生物界面部(Biointerfaces)、电子材料与加工部(Electronic Materials & Processing)、纳米结构部(Nanometer Structures)、等离子体科学与工艺部(Plasma Science & Technique)、表面工程部(Surface Engineering)、表面科学部(Surface Science)、薄膜部(Thin Film)、真空科学与技术部(Vacuum Science and Technology)。

【会员类型】机构

【会员国】来自以下国家：*亚洲*：印、伊朗、以、日、韩、巴、中、菲；*欧洲*：奥、比、保、克、捷、芬、法、德、英、匈、意、荷、波、葡、罗、俄、斯、斯洛、西、瑞典、瑞士、乌克兰；*大洋洲*：澳；*北美洲*：墨、美；*南美洲*：阿根、巴西

【现任主席】2022－2025 年：Francois Reniers（比）

【近十年主席】2010－2013 年：Mariano Anderle（比）；2013－2016 年：Mariano Anderle（意）；2016－2019 年：Lars Montelius（瑞典）；2019－2022 年：Anouk Galtayries（法）

【系列学术会议】3 年举办一次国际真空大会（International Vacuum Congress）；两年举办一次亚洲和澳大利亚真空与表面科学会议（VASSCAA）。

【授予奖项】IUVSTA 科学奖（IUVSTA Prize for Science）：表彰真空相关领域的杰出研究成果，每 3 年颁发一次；IUVSTA 技术奖（IUVSTA Prize for Technology）：表彰真空技术和仪器领域的杰出成果，每 3 年颁发一次；IUVSTA 荏原奖（IUVSTA EBARA Award）：表彰在与真空相关的科技领域提出创新环保解决方案的杰出青年科研人员或工程师；IUVSTA 韦尔奇国际奖学金（IUVSTA Medard W. Welch International Scholarship）：为青年科学家提供奖学金，资助其赴国外从事研究和交流一年，每年颁发一次；IUVSTA 爱思唯尔学生差旅奖（IUVSTA Elsevier Student Travel Awards）：授予在 IUVSTA 会议上发表演讲的学生或青年科学家。

【经费来源】会员会费

【与中国的关系】中国真空学会于 1983 年加入 IUVSTA。中国科学院院士高鸿钧曾于 2010－2013 年担任 IUVSTA 纳米结构部主任。第 10 届亚洲和澳大利亚真空与表面科学会议（VASSCAA-10）于 2021 年 10 月在中国上海举行。

【官方网站】https://iuvsta.org/

14. 国际制冷学会

【英文全称和缩写】International Institute of Refrigeration，IIR

【组织类型】国际非政府组织（INGO）

【成立时间】1908 年

【总部（或秘书处）所在地】法国巴黎

【宗旨】致力于推动制冷技术的发展，传播制冷知识，提高人类生活质量，考虑经济需求的同时保护环境。

【组织架构】设有大会（General Conference）、执行委员会（Executive Committee）、管理委员会（Management Committee）和科学技术理事会（Science and Technology Council）。科学技术理事会下设 5 个学部（Sections）、10 个专业委员会（Commissions），分别为：低温与液化气部（包括低温物理与低温工程委员会、气体液化与分离委员会）；热力学、设备与系统部（包括热力学与热传递委员会、制冷机械委员会）；生物与食品技术部（包括低温生物学、低温医学与保健品委员会、食品科学与工程委员会）；储存与运输部（包括冷藏货物委员会、冷藏运输委员会）；空调、热泵与能量回收部（包括空调委员会、热泵与能量回收委员会）。

【会员类型】机构

【会员机构】来自以下国家：*亚洲*：中、印、以、日、约、黎、马、卡、沙特、韩、土、阿联酋、乌兹、越；*欧洲*：奥、比、保、克、捷、芬、法、德、匈、爱、意、荷、北、挪、波、罗、俄、塞尔、斯、斯洛、西、瑞典、英；*非洲*：阿尔、贝、布基、喀、乍、刚果（布）、埃、加蓬、几、科特、马达、马里、摩、尼日尔、苏、多、突；*大洋洲*：澳、新西；*北美洲*：加、古、美

【现任总干事】2018－2023 年：Didier Coulomb（法）

【现任副总干事】2018－2023 年：Ina Colombo-Youla（法）

【出版物】主办期刊《国际制冷杂志》（International Journal of Refrigeration），编制《国际制冷词典》（International Dictionary of Refrigeration），包含 4300 多条英语和法语术语，被翻译成阿拉伯语、中文、荷兰语、英语、法语、德语、意大利语、日语、挪威语、俄语和西班牙语共 11 种语言。

【系列学术会议】每 4 年举行一次国际制冷大会（IIR International Congress of Refrigeration），与大会同时举行的有：压缩机和制冷剂会议、氨和二氧化碳制冷技术会议等 9 个制冷主题相关学术会议。第 23 届国际制冷大会于 2011 年在捷克布拉格召开，第 24 届国际制冷大会于 2015 年在日本横滨召开，第 25 届国际制冷大会于 2019 年在加拿大蒙特利尔召开，第 26 届国际制冷大会于 2023 年在法国巴黎召开。

【授予奖项】IIR 设立的奖项均面向 35 岁以下的杰出青年科研人员，4 年颁发一次，包括：低温物理学领域的彼得·卡皮查奖（Peter Kapitza Award）、低温工程领域的卡尔·冯·林德奖（Carl von Linde Award）、热力学领域的萨迪·卡诺奖（Sadi Carnot Award）、制冷系统与设备领域的詹姆斯·焦耳奖（James Joule Award）、低温生物学与低温医学领域的亚历克西斯·卡雷尔奖（Alexis Carrel Award）、冷藏食品科学与工程领域的克拉伦斯·伯宰奖（Clarence Birdseye Award）。

【经费来源】会员会费、活动收入、赠款等

【与中国的关系】中国制冷学会于 1978 年代表中国加入 IIR。清华大学李先庭教授现担任 IIR 空调、热泵与能量回收部空调委员会主席，上海交通大学张鹏教授现担任 IIR 低温与液化气部气体液化与分离委员会主席。2007 年，第 22

届国际制冷大会在北京举办。

【官方网站】https://iifiir.org/en

15. 国际制图协会

【英文全称和缩写】International Cartographic Association，ICA

【组织类型】国际非政府组织（INGO）

【成立时间】1959 年

【总部（或秘书处）所在地】瑞士伯尔尼

【宗旨】致力于推动制图学和地理信息系统科学的发展，研究制定各类相关技术标准，以造福社会和科学。

【组织架构】设执行委员会（Executive Committee），以及 28 个专业委员会，分别为：艺术与制图委员会（Commission on Art and Cartography）、地图集委员会（Commission on Atlases）、制图遗产数字化委员会（Commission on Cartographic Heritage into the Digital）、制图与儿童委员会（Commission on Cartography and Children）、预警与危机管理制图委员会（Commission on Cartography in Early Warning and Crisis Management）、地理信息可视化认知委员会（Commission on Cognitive Issues in Geographic Information Visualization）、教育培训委员会（Commission on Education and Training）、泛化与多重表示委员会（Commission on Generalisation and Multiple Representation）、地理空间分析与建模委员会（Commission on Geospatial Analysis and Modeling）、地理空间语义委员会（Commission on Geospatial Semantics）、制图史委员会（Commission on the History of Cartography）、定位服务委员会（Commission on Location Based Services）、地图设计委员会（Commission on Map Design）、地图制作与地理信息管理委员会（Commission on Map Production and Geoinformation Management）、地图投影委员会（Commission on Map Projections）、盲人与弱视人群地图和图形委员会（Commission on Maps and Graphics for Blind and Partially Sighted People）、地图与互联网委员会（Commission on Maps and the Internet）、海洋制图委员会（Commission on Marine Cartography）、山地制图委员会（Commission on Mountain Cartography）、开源地理空间技术委员会（Commission on Open Source Geospatial Technologies）、行星制图委员会（Commission on Planetary Cartography）、空间数据基础设施和标准委员会（Commission on SDI and Standards）、传感器驱动测绘委员会（Commission on Sensor-driven Mapping）、地形测绘委员会（Commission on Topographic Mapping）、地名委员会

（Commission on Toponymy）、泛在测绘委员会（Commission on Ubiquitous Mapping）、用户体验委员会（Commission on User Experience）、视觉分析委员会（Commission on Visual Analytics）。2019—2023 年，ICA 共设 5 个工作组，分别为：国家测绘机构数字化转型工作组（Working Group on the Digital Transformation of National Mapping Agencies）、制图与可持续发展工作组（Working Group on Cartography and Sustainable Development）、制图知识体系工作组（Working Group on the Cartographic Body of Knowledge）、ICA 历史工作组（Working Group on the History of ICA）、制图学新研究议程工作组（Working Group on a New Research Agenda in Cartography）。

【会员类型】机构

【会员机构】来自以下国家：*亚洲*：亚、孟、中、格、印、印尼、伊朗、以、日、约、韩、马、巴、斯里、阿曼、泰、土；*欧洲*：奥、比、保、克、塞、捷、丹、爱沙、芬、法、德、希、匈、爱、意、拉、立、黑、荷、北、挪、波、葡、罗、俄、斯、斯洛、西、瑞典、瑞士、乌克兰、英；*非洲*：阿尔、贝、博、肯、马达、摩、莫、尼日、南非；*大洋洲*：澳、新西；*北美洲*：加、古、墨、美；*南美洲*：阿根、巴西、智、哥伦、厄、乌

【现任主席】2019—2023 年：Tim Trainor（美）

【现任副主席】2019—2023 年：László Zentai（匈）；孟丽秋（德）；Vít Voženílek（捷）；Terje Midtbø（挪）；Philippe De Maeyer（比）；Temenoujka Bandrova（保）；Andrés Arístegui（西）

【近十年主席】2015—2019 年：Menno-Jan Kraak（荷）

【出版物】《国际制图杂志》（International Journal of Cartography）

【系列学术会议】4 年举办一次 ICA 全体代表大会，两年举办一次国际制图大会（The International Cartographic Conference），2015 年第 16 届在巴西里约热内卢举办，2017 年第 17 届在美国华盛顿特区举办，2019 年第 18 届在日本东京举办。

【授予奖项】卡尔·曼纳费尔特金质奖章（Carl Mannerfelt Gold Medal）：表彰在制图领域做出杰出贡献的个人；ICA 荣誉会士（ICA Honorary Fellowship）：表彰对 ICA 做出特殊贡献的具有国际声誉的个人，两年颁发一次；ICA 奖学金（ICA Scholarship）：向青年科学家颁发的奖学金，可用于参加 ICA 的正式活动和会议。

【经费来源】会员会费

【与中国的关系】中国测绘学会是 ICA 正式会员。2001 年，第 20 届国际制

图大会在中国北京举办。武汉大学胡毓钜教授曾于 1984－1991 年担任 ICA 副主席。国家基础地理信息中心总工程师李莉曾于 1999－2003 年担任 ICA 副主席。武汉大学刘耀林教授曾于 2011－2019 年担任 ICA 副主席。德国慕尼黑工业大学华人学者孟丽秋于 2019－2023 年担任 ICA 副主席。

【官方网站】https://icaci.org/

16. 核电水堆材料环境促进开裂国际合作组织

【英文全称和缩写】International Cooperative Group on Environmentally-Assisted Cracking of Water Reactor Materials，ICG-EAC

【组织类型】国际非政府组织（INGO）

【成立时间】1978 年

【总部（或秘书处）所在地】美国北卡罗来纳州

【宗旨】围绕核电用材料与部件的环境损伤行为开展研究和预测，特别是注重各类核用材料的腐蚀、应力腐蚀、腐蚀疲劳、辐照促进腐蚀与应力腐蚀、焊接缺陷及其环境损伤行为等方面，针对研究方法、机理、规律、安全评价与寿命预测等开展交流并相互促进。

【组织架构】设董事会（Board of Directors），以及 4 个工作组，分别是：工厂结构部件用碳素钢与低合金钢组（Carbon and Low-Alloy Steels Used for Plant Structural Components）、多用途奥氏体合金组（Austenitic Alloys wherever used）、反应堆堆芯结构材料放射促进应力腐蚀开裂组（Irradiation-Assisted Stress Corrosion Cracking of Reactor Core Structural Materials）、焊接组（Weldments）。

【会员类型】机构

【会员机构】17 个国家的 81 个机构，包括大学和科研机构（占 59%）、轻水反应堆运营机构（占 16%）、材料器件与零件供应商（占 15%）、原子能管理机构（占 10%）

【现任主席】Armin Roth（德）

【系列学术会议】每年举行一次年会（Annual Meeting），2018 年在美国田纳西州诺克斯维尔举行，13 个国家的 125 人参会；2019 年在中国台湾台南市举行，15 个国家的 125 人参会；2020 年、2021 年在线上举行；2022 年在芬兰坦佩雷举行，2023 年在加拿大金斯顿举行。

【与中国的关系】中国科学院金属研究所、上海材料研究所、上海交通大学、上海大学、北京科技大学、中国原子能科学研究院、苏州热工研究设计院、上海核工程设计研究院、中国石油大学均为 ICG-EAC 会员单位。中国科学院金属研究所韩恩厚研究员于 2015 年当选 ICG-EAC 董事会成员，任期 3 年。2016年，由中国科学院金属研究所承办的 ICG-EAC2016 年会在青岛召开。

【官方网站】https://icg-eac.org/

17. 世界工程组织联合会

【英文全称和缩写】World Federation of Engineering Organizations，WFEO

【组织类型】国际非政府组织（INGO）

【成立时间】1968 年

【总部（或秘书处）所在地】法国巴黎

【宗旨】由联合国教育、科学及文化组织倡议成立，作为工程领域专业人士的国际组织，致力于推动工程技术的开发和应用。

【组织架构】设大会、执行理事会、执行委员会，设有 13 个专业委员会或工作组：灾害风险管理委员会（Disaster Risk Management）、创新技术工程委员会（Engineering for Innovative Technologies）、工程与环境委员会（Engineering and the Environment）、能源委员会（Energy）、青年工程师与未来领袖委员会（Young Engineers / Future Leaders）、工程教育委员会（Education in Engineering）、反腐败委员会（Anti Corruption）、女性工程师委员会（Women in Engineering）、工程能力建设委员会（Engineering Capacity Building）、信息通信委员会（Information and Communication）、水工作组（Working Group on Water）、基础设施报告卡工作组（Working Group on Infrastructure Report Card）、WFEO-UN 关系委员会（WFEO-UN Relations Committee）。

【会员类型】机构

【会员机构】93 个机构，来自以下国家：*亚洲*：中、尼、孟、印、印尼、日、韩、马、蒙、缅、巴、菲、新、巴林、伊、约、科、黎、阿曼、巴勒、卡、叙、阿联酋、也、沙特、斯里；*欧洲*：保、克、塞、捷、法、希、意、马耳他、摩尔、黑、北、波、葡、罗、塞尔、斯、斯洛、西、瑞士、乌克兰、英；*非洲*：安哥、喀、刚果、斯威、埃塞、加纳、科特、肯、马达、马拉、毛求、纳、尼日、卢旺、塞内、塞拉、南非、坦桑、乌干、赞、津、阿尔、埃、利、摩、苏、突；*大洋洲*：澳、斐、新西；*北美洲*：加、哥斯、波多黎各、古、洪、墨、美；*南美洲*：阿根、玻、巴西、哥伦、厄、秘、乌。另有 12 个区域性国际组织：英联邦工程师理事会（Commonwealth Engineers Council）、地中海国家工程协会（Engineering Association of Mediterranean Countries）、阿拉伯工程师联合会

(Federation of Arab Engineers)、非洲工程组织联合会(Federation of African Engineering Organisations)、欧洲国家工程协会联合会(European Federation of National Engineering Association)、亚太工程组织联合会(Federation of Engineering Institutions of Asia and the Pacific)、国际医学生物工程联合会(International Federation for Medical and Biological Engineering)、国际市政工程联合会(International Federation of Municipal Engineering)、南亚和中亚工程组织联合会(Federation of Engineering Institutions of South and Central Asia)、泛美洲工程学会联合会(Pan American Federation of Engineering Societies)、国际科学与工程协会联合会(Union of Scientific and Engineering Associations)、世界土木工程师理事会(World Council of Civil Engineers)

【现任主席】2021－2023 年：José Vieira(葡)

【现任副主席】2021－2023 年：Ashok Basa(印)；Seng Chuan Tan(新)

【近十年主席】2011－2013 年：Adel Al Kharafi(科)；2013－2015 年：Marwan Abdelhamid(巴勒)；2015－2017 年：Jorge Spitalnik(巴西)；2017－2019 年：Marlene Kanga(澳)；2019－2021 年：龚克(中)

【系列学术会议】两年至少召开一次世界工程师大会(World Engineers Convention)，2019 年在澳大利亚墨尔本举行，2023 年在捷克布拉格举行。

【授予奖项】WFEO 格力女性工程奖(WFEO GREE Women in Engineering Award)：表彰在工作中表现出专业卓越性和影响力的女性工程师，每年颁发一次；WFEO 工程教育卓越奖章(WFEO Medal of Excellence in Engineering Education)：表彰杰出的工程教育者，两年颁发一次；WFEO 工程卓越奖章(WFEO Medal of Engineering Excellence)：表彰工程领域杰出的理论、实践和公共服务，两年颁发一次。

【经费来源】会费、捐款、企业赞助

【与中国的关系】中国科学技术协会是 WFEO 会员。南开大学原校长龚克于 2019 年就任 WFEO 主席。中国格力集团是 WFEO 赞助商。

【官方网站】http://www.wfeo.org/

18. 世界工业与技术研究组织协会

【英文全称和缩写】World Association of Industrial and Technological Research Organizations，WAITRO

【组织类型】国际非政府组织(INGO)

【成立时间】1970 年

【总部(或秘书处)所在地】在中国南京的江苏省工业技术研究院和德国慕尼黑的弗劳恩霍夫协会各设有一个秘书处。

【宗旨】致力于促进跨国合作推动技术创新和可持续发展。

【组织架构】设大会、执行董事会、秘书处

【会员类型】机构

【会员机构】93 个机构，来自以下国家：*亚洲*：孟、印、中、尼、伊朗、菲、斯里、印尼、泰、卡、马、约；*欧洲*：西、奥、法、德、丹、葡、瑞典、俄、英、比；*非洲*：肯、几、埃、博、加纳、突、南非、尼日、摩、苏、津、坦桑、乌干、喀；*大洋洲*：澳；*北美洲*：特立、哥斯、古、墨、多米尼加；*南美洲*：哥伦、智、乌、阿根、厄

【现任主席】2023 年至今：Hasan Mandal(土)

【现任副主席】2023 年至今：Hans-Erich Schulz(特立)；Dirk Saseta Krieg(美)

【近十年主席】2011－2014 年：Rakesh Kumar Khandal(印)；2015－2016 年：Charles Kwesiga(乌干)；2017－2018 年：Yongvut Saovapruk(泰)；2019－2022 年：Sumaya bint El Hassan(约)

【例会周期】两年召开一次 WAITRO 全体代表大会

【授予奖项】WAITRO 创新奖(WAITRO Innovation Award)：激发新的想法，支持在 WAITRO 的正式会员和准会员中培养新团队，每年颁发一次。

【经费来源】会费、会员捐款、各国政府或国际组织等的特别捐款。

【官方网站】https://waitro.org/

(十)综合类

1. 发展中国家妇女科学组织

【英文全称和缩写】Organization for Women in Science for the Developing World，OWSD

【组织类型】国际非政府组织(INGO)

【成立时间】1987 年

【总部(或秘书处)所在地】意大利的里雅斯特

【宗旨】作为联合国教育、科学及文化组织(UNESCO)下属的项目单元，依托发展中国家科学院(TWAS)建立，是世界上第一个致力于团结各国女性科学家的国际论坛，以强化她们在科技发展中的代表性。

【组织架构】设全体大会、执行委员会、秘书处

【会员类型】个人，来自 147 个国家的 8000 余人

【现任主席】2016 年至今：Jennifer A. Thomson（南非）

【现任副主席】2016 年至今：Babalola Olubukola Oluranti（尼日）；Atya Kapley（印）；2021 年至今：Huda Basaleem（也）；Kleinsy Bonilla（危）

【近十年主席】2010—2016 年：方新（中）

【例会周期】每 4～6 年召开一次大会，2016 年，第 5 届大会在科威特首都科威特城举行，来自世界 30 多个国家和地区的 300 多名代表出席；2021 年，第 6 届大会在线上举行。

【对外资助计划】OWSD 博士奖学金（PhD Fellowship）：资助来自最不发达国家的女科学家前往发展中国家攻读研究生学位；OWSD 早期职业奖学金（Early Career Fellowship）：支持取得 STEM 领域博士学位、在科研机构就职的处于职业生涯早期阶段的女性科学家，在 OWSD 认定为特别缺乏科技资源的国家中领导重要的研究项目，给予最高 5 万美元的资助。

【授予奖项】OWSD-爱思唯尔基金会奖（OWSD - Elsevier Foundation Awards）：鼓励处于职业早期阶段的发展中国家女性科学家，每年颁发一次，每次授予 5 人，给予 5000 美元的现金奖励，并赞助其参加美国科学促进协会（AAAS）年度会议。

【经费来源】会费、赠款、投资收益。瑞典国际开发合作署自 1997 年以来一直在为 OWSD 提供财政支持。

【与中国的关系】OWSD 中国分会（CNOWSD）设在中国科学院科技战略咨询研究院。2010 年，第 4 届 OWSD 大会在中国北京举办。2019 年，OWSD 执委会暨创新与创业中的女科学家国际研讨会在北京举行。中国科学院自动化研究所胡启恒研究员曾于 1993—1998 年担任 OWSD 执行委员会委员；中国科学院方新研究员曾于 2005—2010 年担任 OWSD 副主席，于 2010—2016 年担任 OWSD 主席，于 2016—2020 年担任 OWSD 执行委员会委员。中国科学院、中国科学院大学、中国农业科学院等均与 OWSD 签署了奖学金协议。

【官方网站】https://www.owsd.net/

2. 国际标准化组织

【英文全称和缩写】International Organization for Standardization，ISO

【组织类型】国际非政府组织（INGO）

【成立时间】1947 年

【总部(或秘书处)所在地】秘书处位于瑞士日内瓦

【宗旨】致力于促进世界范围内各类标准的制定,在专家共识的基础上制定国际标准,为应对全球挑战提供解决方案和支持创新。

【组织架构】ISO 的最高决策机构为全体代表大会,执行机构为理事会,日常行政工作由秘书处负责,另设技术管理委员会(Technical Management Board)协调负责制定 ISO 标准的 797 个技术委员会(Technical Committees)或分委员会(Subcommittees)。

【会员类型】机构

【会员机构】来自 165 个国家和地区的国家标准化组织

【现任主席】2022－2023 年:Ulrika Francke(瑞典)

【现任副主席】2022－2023 年:Christoph Winterhalter(德);Sauw Kook Choy(新);Mitsuo Matsumoto(日)

【近十年主席】2015－2017 年:张晓刚(中);2018－2019 年:John Walter(加);2020－2021 年:Eddy Njoroge(肯)

【例会周期】每年举办一次全体代表大会,每年举办三次理事会会议,每年与全体代表大会同期举办一次国际标准化组织周(ISO Week),2019 年于南非开普敦举办,2020 年为线上举办。

【授予奖项】劳伦斯·艾彻领导奖(Lawrence D. Eicher Leadership Award):表彰对 ISO 国际标准的发展做出重大贡献的 ISO 技术委员会或分委员会;青年学者奖(Next Generation Award):由 ISO 前任主席张晓刚赞助,表彰 ISO 会员机构中 18～35 岁的青年专业人员;卓越奖(Excellence Award):表彰对促进标准化及相关活动做出重大贡献的 ISO 技术专家。

【经费来源】会员会费、标准和服务的销售收入、对特定活动的赠款

【与中国的关系】中国于 1978 年正式加入 ISO,中国国家标准化管理委员会为中方代表机构。前鞍钢集团总经理张晓刚曾于 2015－2017 年担任 ISO 主席。2016 年 9 月,第 39 届 ISO Week 在北京举办。

【官方网站】https://www.iso.org/home.html

3. 国际翻译家联盟

【英文全称和缩写】International Federation of Translators,FIT(为法语名 Fédération Internationale des Traducteurs 的缩写)

【组织类型】国际非政府组织(INGO)

【成立时间】1953 年

【总部（或秘书处）所在地】法国巴黎

【宗旨】致力于提高翻译工作的专业化水平，维护各国翻译人员自由表达的权利。

【组织架构】设理事会、执行委员会，下设 9 个常务委员会，分别为：巴伯尔常务委员会（Babel Standing Committee）、ISO 标准常务委员会（ISO Standards Standing Committee）、翻译常务委员会（Translatio Standing Committee）、外部伙伴关系常务委员会（External Partnerships Standing Committee）、人权常务委员会（Human Rights Standing Committee）、团结基金常务委员会（Solidarity Fund Standing Committee）、大会审议与管理常务委员会（Congress Review/Management Standing Committee）、奖项管理常务委员会（Awards Management Standing Committee）、档案委员会（Archived Committees）。另外设 10 个任务组，分别为：文学翻译和版权任务组（Literary Translation and Copyrights Task Force）、战略任务组（Strategy Task Force）、教育与职业发展任务组（Education and Professional Development Task Force）、传媒任务组（Communications Task Force）、程序任务组（Procedural Task Force）、研究任务组（Research Task Force）、协会发展与参与任务组（Association Development and Engagement Task Force）、视听翻译任务组（Audiovisual Translation Task Force）、法律翻译与口译任务组（Legal Translation and Interpreting Task Force）、翻译质量评估任务组（Translation Quality Evaluation Task Force）；还设有 FIT 欧洲中心、FIT 拉丁美洲中心和 FIT 北美中心。

【会员类型】机构

【会员机构】133 个机构，分为普通会员（Regular Member）、准会员（Associate Member）、观察员会员（Observer Member）3 类，来自以下国家：*亚洲*：阿塞、格、中、印、印尼、伊朗、伊、以、黎、马、韩、日、土；*欧洲*：奥、比、保、克、塞、捷、丹、芬、法、德、希、匈、爱、爱沙、意、立、卢、荷、挪、波、葡、俄、塞尔、斯、斯洛、西、瑞士、乌、英、阿；*非洲*：喀、肯、塞内、南非；*大洋洲*：澳、新西；*北美洲*：加、墨、美、哥斯、古、危、巴拿；*南美洲*：阿根、巴西、智、哥伦、厄、秘、乌、委

【现任主席】2022－2025 年：Alison Rodriguez（新西）

【现任副主席】2022－2025 年：Alejandra Jorge（阿根）、Eleanor Cornelius（南非）、Annette Schiller（德）

【近十年主席】2008－2014 年：Marion Boers（南非）；2014－2017 年：Henry

Liu(新西)；2017－2022 年：Kevin Quirk(挪)

【出版物】《巴伯尔：国际翻译杂志》(Babel-International Journal of Translation)

【系列学术会议】3 年召开一届 FIT 世界翻译大会(World Congress)，2011 年在美国旧金山召开第 19 届大会，2014 年在德国柏林召开第 20 届大会，2017 年在澳大利亚布里斯班召开第 21 届大会，2022 年在古巴巴拉德罗召开第 22 届大会。

【授予奖项】"北极光"杰出小说文学翻译奖(Aurora Borealis Prize for Outstanding Translation of Fiction Literature)：旨在促进小说类文学的翻译和质量的提高，并表彰翻译人员在使世界各国人民在文化上更紧密联系方面的作用；"北极光"杰出非小说文学翻译奖(Aurora Borealis Prize for Outstanding Translation of Non-Fiction Literature)：旨在促进非小说文学作品的翻译和质量的提高，并表彰翻译人员在使世界各国人民在文化上更紧密联系方面的作用；科技翻译卓越奖(FIT Prize for Excellence in Scientific and Technical Translation)：旨在促进科技翻译的水平，推动科技知识在世界范围内的传播；卓越口译奖(FIT Prize for Interpreting Excellence)：旨在促进口译质量的提高；最佳期刊奖(FIT Prize for Best Periodical)：表彰 FIT 会员机构主办的优秀期刊，3 年颁发一次；最佳网站奖(FIT Prize for Best Website)：表彰 FIT 会员机构主办的优秀网站，3 年颁发一次；玛丽昂·伯尔思奖(Marion Boers Prize)：表彰对来自安哥拉、博茨瓦纳、科摩罗、刚果(金)、埃斯瓦蒂尼 5 国的作家的作品的杰出翻译；阿尔宾·泰布列维奇奖(Albin Tybulewicz Prize)：表彰翻译志愿者的杰出贡献；卡雷尔·恰佩克有限扩散语言翻译奖章(Karel Čapek Medal for Translation from a Language of Limited Diffusion)：旨在促进以有限传播的语言撰写的文学作品的翻译；皮埃尔-弗朗索瓦·伽伊叶奖章(Pierre-François Caillé Medal)：表彰在提高翻译工作国际声望方面做出杰出贡献的个人，3 年颁发一次；阿斯特丽德·林格伦奖(Astrid Lindgren Prize)：旨在促进儿童文学的翻译和质量的提高，并表彰翻译人员在使世界各国人民在文化上更紧密联系方面的作用，3 年颁发一次。

【经费来源】会费

【与中国的关系】中国翻译工作者协会(2005 年更名为"中国翻译协会")于 1987 年加入 FIT。中国科学院科技翻译工作者协会于 1990 年加入 FIT。中国翻译协会副秘书长杨平曾于 2017－2020 年担任 FIT 理事会成员。中国翻译协会常务副会长兼秘书长高岸明于 2022－2025 年担任 FIT 理事会成员。2008 年，第 18 届 FIT 世界翻译大会在中国上海举办。

【官方网站】https://www.fit-ift.org/

4. 国际科技史与科技哲学联盟

【英文全称和缩写】International Union of History and Philosophy of Science and Technology，IUHPST

【组织类型】国际非政府组织（INGO）

【成立时间】1956 年

【总部（或秘书处）所在地】法国

【宗旨】作为国际科学理事会(ISC)成员之一，代表科技史和科技哲学领域研究者，涵盖自然科学、人文学、社会科学以及跨学科领域，致力于推动相关学术交流活动。

【组织架构】由"科技史分会"（Division of History of Science and Technology，DHST）和"逻辑、方法论和科技哲学分会"（Division of Logic，Methodology and Philosophy of Science and Technology，DLMPST）两个独立的分支机构组成。二者各有独立的组织结构，二者之间共同拥有一个联合委员会（DHST/DLMPST Joint Commission），以及 3 个专业委员会：计算历史与哲学委员会（Commission for History and Philosophy of Computing）、国际科学与文化多样性协会（International Association for Science and Cultural Diversity）、跨部门教学委员会（Inter-Divisional Teaching Commission）。

【会员类型】机构

【现任主席】2022－2023 年：Nancy Cartwright（英）

【现任副主席】2022－2023 年：Marcos Cueto（巴西）

【近十年主席】2010－2011 年：Wilfrid Hodges（英）；2012－2013 年：刘钝（中）；2014－2015 年：Elliott Sober（美）；2016－2017 年：Efthymios Nicolaidis（希）；2018－2019 年：Menachem Magidor（以）；2020－2021 年：Michael Osborne（美）

【系列学术会议】4 年召开一次国际逻辑、方法论与科技哲学大会（International Congress on Logic, Methodology and Philosophy of Science and Technology），2015 年在芬兰赫尔辛基举行第 15 届大会，2019 年在捷克布拉格举行第 16 届大会，2023 年在阿根廷布宜诺斯艾利斯举行第 17 届大会。4 年召开一次国际科学技术史大会（International Congress of History of Science and Technology），2009 年在匈牙利布达佩斯举行第 23 届大会，2013 年在英国曼彻斯特举行第 24 届大会,2017 年在巴西里约热内卢举行第 25 届大会,2021 年在线上举行第 26 届大会。

【对外资助计划】设有数学研究培训文化项目(Cultures of Mathematical Research Training),资助对数学研究中的不同文化及其影响下一代数学家培养的相关研究,推动主要社会利益相关方与数学家的合作。

【授予奖项】IUHPST 历史与科学哲学论文奖(IUHPST Essay Prize in History and Philosophy of Science):鼓励将科学史和科学哲学作为一门综合学科,以思考新的方法论,两年颁发一次;DHST 论文奖(DHST Dissertation Prize):表彰杰出的博士论文,两年颁发一次。

【经费来源】会费、捐赠、出版物销售收入、国际科学理事会拨款

【与中国的关系】中国在 1981 年加入 IUHPST。2009 年,中国科学技术史学会前理事长、中国科学院自然科学史研究所前所长刘钝研究员当选 IUHPST 主席。2005 年,第 22 届国际科学技术史大会在北京召开。

【官方网站】http://iuhpst.org/

5. 国际科学理事会

【英文全称和缩写】International Science Council,ISC

【组织类型】国际非政府组织(INGO)

【成立时间】2018 年,由 1931 年成立的国际科学联盟理事会(International Council of Science Unions, ISCU)和 1952 年成立的国际社会科学理事会(International Social Science Council, ISSC)合并后成立

【总部(或秘书处)所在地】法国巴黎

【宗旨】致力于推动全球科学知识、数据等的共享,增强科学的包容性、公平性,扩大参与科学教育和能力开发的机会,促进全球科学发展。

【组织架构】设全体大会、管理委员会、财务与筹款委员会、科学自由与责任委员会、科学规划委员会、对外联络与参与委员会,另设 3 个区域办事处,分别为:亚洲及太平洋区域办事处、非洲区域办事处、拉丁美洲和加勒比区域办事处。

【会员类型】机构

【会员机构】140 余个机构,来自以下国家:*亚洲*:亚、阿塞、孟、中、格、印、印尼、伊朗、伊、以、日、约、哈、朝、韩、老、黎、马、蒙、尼、阿曼、巴、菲、沙特、新、斯里、塔、泰、土、乌兹、越;*欧洲*:阿、奥、西、白、比、波黑、保、捷、丹、爱沙、芬、法、德、希、匈、爱、意、拉、立、卢、摩尔、摩纳哥、黑、荷、北、挪、波、葡、罗、俄、塞尔、斯、斯洛、西、瑞

典、瑞士、乌克兰、英、梵；*非洲*：安哥、贝、博、布基、喀、科特、埃、斯威、加纳、肯、莱、马达、马拉、毛求、摩、莫、纳、尼日、卢旺、塞内、塞舌、索、南非、苏、坦桑、多、突、乌干、赞、津；*大洋洲*：澳、新西；*北美洲*：加、哥斯、古、多米尼加、萨、危、洪、牙、墨、巴拿、美；*南美洲*：阿根、玻、巴西、智、哥伦、秘、乌、委。另有 90 余个国际组织会员：非洲科学院（African Academy of Sciences）、阿拉伯社会科学理事会（Arab Council for the Social Sciences）、亚洲科学院及学会协会（Association of Academies and Societies of Sciences in Asia）、亚洲社会科学研究理事会协会（Association of Asian Social Science Research Councils）、科学技术中心协会（Association of Science and Technology Centers）、加勒比地区科学院（Caribbean Academy of Sciences）、国际人文中心和研究所联盟（Consortium of Humanities Centers and Institutes）、非洲社会科学研究发展理事会（Council for the Development of Social Science Research in Africa）、欧洲发展和培训机构协会（European Association of Development and Training Institutes）、欧洲政治研究协会（European Consortium for Political Research）、拉丁美洲社会科学院（Latin American Faculty of Social Sciences）、全球青年学院（Global Young Academy）、全球环境战略研究所（Institute for Global Environmental Strategies）、国际北极科学委员会（International Arctic Science Committee）、国际北极社会科学协会（International Arctic Social Sciences Association）、国际水利环境工程与研究协会（International Association for Hydro-Environment Engineering and Research）、国际应用心理学协会（International Association of Applied Psychology）、国际法律科学协会（International Association of Legal Science）、国际天文学联合会（International Astronomical Union）、国际制图学协会（International Cartographic Association）、国际声学委员会（International Commission for Acoustics）、国际光学委员会（International Commission for Optics）、国际照明委员会（International Commission on Illumination）、国际工业与应用数学联合会（International Council for Industrial and Applied Mathematics）、国际实验动物科学理事会（International Council for Laboratory Animal Science）、国际科学技术信息理事会（International Council for Scientific and Technical Information）、国际经济协会（International Economic Association）、国际信息处理联合会（International Federation for Information Processing）、国际社会科学数据组织联合会（International Federation of Data Organizations for Social Science）、国际图书馆协会联合会（International Federation of Library Associations and

Institutions)、国际显微镜学会联合会(International Federation of Societies for Microscopy)、国际测量师联合会(International Federation of Surveyors)、国际科学基金会(International Foundation for Science)、国际地理联合会(International Geographical Union)、国际应用系统分析研究所(International Institute for Applied System Analysis)、国际数学联盟(International Mathematical Union)、国际科学和政策促进网络(International Network for Advancing Science and Policy)、国际和平研究协会(International Peace Research Association)、国际政治学协会(International Political Science Association)、国际数字地球学会(International Society for Digital Earth)、国际生态经济学学会(International Society for Ecological Economics)、国际摄影测量与遥感学会(International Society for Photogrammetry and Remote Sensing)、国际多孔介质学会(International Society for Porous Media)、国际社会学协会(International Sociological Association)、国际统计学会(International Statistical Institute)、国际研究协会(International Studies Association)、国际科技史与科技哲学联盟(International Union for History and Philosophy of Science and Technology)、国际医学物理与工程科学联盟(International Union for Physical and Engineering Sciences in Medicine)、国际纯粹与应用生物物理联合会(International Union for Pure and Applied Biophysics)、国际第四纪研究联合会(International Union for Quaternary Research)、国际人口科学研究联盟(International Union for the Scientific Study of Population)、国际真空科学技术与应用联盟(International Union for Vacuum Science, Technique and Applications)、国际科学院联合会(International Union of Academies)、国际基础与临床药理学联合会(International Union of Basic and Clinical Pharmacology)、国际生物化学与分子生物学联盟(International Union of Biochemistry and Molecular Biology)、国际生物科学联合会(International Union of Biological Sciences)、国际晶体学联合会(International Union of Crystallography)、国际食品科学技术联盟(International Union of Food Science and Technology)、国际林业研究组织联盟(International Union of Forest Research Organizations)、国际大地测量学与地球物理学联合会(International Union of Geodesy and Geophysics)、国际地质科学联合会(International Union of Geological Sciences)、国际免疫学会联合会(International Union of Immunological Societies)、国际材料研究学会联盟(International Union of Materials Research Societies)、国际微生物学会联合会(International Union of Microbiological Societies)、国际营养科学联盟(International Union of

Nutritional Sciences)、国际生理科学联合会(International Union of Physiological Sciences)、国际心理科学联合会(International Union of Psychological Science)、国际纯粹与应用化学联合会(International Union of Pure and Applied Chemistry)、国际纯粹与应用物理学联合会(International Union of Pure and Applied Physics)、国际无线电科学联盟(International Union of Radio Science)、国际土壤学联合会(International Union of Soil Sciences)、国际洞穴学联合会(International Union of Speleology)、国际理论与应用力学联盟(International Union of Theoretical and Applied Mechanics)、国际毒理学联合会(International Union of Toxicology)、国际水协会(International Water Association)、伊斯兰世界科学院(Islamic World Academy of Sciences)、拉丁美洲社会科学理事会(Latin American Council of Social Sciences)、玛丽·居里校友会(Marie Curie Alumni Association)、东部和南部非洲社会科学研究组织(Organization for Social Science Research in Eastern and Southern Africa)、发展中国家妇女科学组织(Organization for Women in Science for the Developing World)、太平洋科学协会(Pacific Science Association)、国际环境问题科学委员会(Scientific Committee of Problems of the Environment)、社会科学研究理事会(Social Science Research Council)、国际科学社会研究学会(Society for Social Studies of Science)、非洲科学促进学会(Society for the Advancement of Science in Africa)、南太平洋大学(University of the South Pacific)、北极大学(The University of the Arctic)、发展中国家科学院(The World Academy of Sciences)、跨国研究所(Transnational Institute)、世界人类学联合会(World Anthropological Union)、世界舆论研究协会(World Association for Public Opinion Research)

【现任主席】2021—2024 年：Peter Gluckman(新西)

【现任副主席】2021—2024 年：Motoko Kotani(日)；Sawako Shirahase(日)；Anne Husebekk(挪)；Salim Abdool Karim(南非)

【近十年主席】2018—2021 年：Daya Reddy(南非)

【例会周期】3 年召开一次 ISC 全体大会，2018 年在法国巴黎召开，2021 年以线上形式召开。

【对外资助计划】资助计划(Grants Programme)：旨在帮助会员机构发展科学教育、对外联络活动，推动公众参与科学，为国际科学合作调动资源，每年资助 10 万欧元，最长资助 3 年；可持续发展转型计划(Transformations to Sustainability Programme)：在可持续发展能力建设方面，为社科专家主导的需求导向型国际研究提供资助，为转型过程中面临的复杂社会变化提出应对方案；

引领非洲 2030 年议程综合研究（Leading Integrated Research for Agenda 2030 in Africa）：在可持续发展转型方面，为非洲青年科学家提供 5 年期的资助，以支持跨学科综合性研究，帮助解决非洲的可持续发展难题。

【授予奖项】可持续发展科学奖（Science for Sustainability Award）：表彰基于跨学科方法为实现可持续发展目标做出杰出科学贡献的科学家；科学服务政策奖（Science-for-Policy Award）：表彰为应对国际政策挑战做出杰出贡献的科学家；政策服务科学奖（Policy-for-Science Award）：表彰对科学体系的发展做出突出贡献，使科学能更有效地服务重大国际政策讨论的科学家；科学自由与责任奖（Scientific Freedom and Responsibility Award）：表彰为捍卫和促进科学自由、科学责任做出突出贡献的科学家；早期职业科学家奖（Early Career Scientist Award）：表彰对科学和国际科学合作做出杰出贡献的青年科学家，每次分别授予非洲、亚洲、大洋洲、欧洲、北美洲、南美洲各一人。以上奖项均 3 年颁发一次。

【经费来源】会费、法国政府和多家国际基金会的资助

【与中国的关系】中国科学技术协会、中国社会科学院均为 ISC 会员。中国科学院院士李静海曾于 2018－2021 年担任 ISC 副主席。中国科学院院士郭华东曾于 2021 年获得 ISC 首届可持续发展科学奖。

【官方网站】https://council.science/

6. 国际科学院组织

【英文全称和缩写】InterAcademy Partnership，IAP

【组织类型】国际非政府组织（INGO）

【成立时间】1993 年

【总部（或秘书处）所在地】意大利里雅斯特

【宗旨】致力于促进各国科学院之间的合作，以推动科学在应对各类世界性挑战中发挥关键作用。

【组织架构】设指导委员会（Steering Committee）、区域网络委员会（Regional Networks Board）、科学执行委员会（Science Executive Committee）、健康执行委员会（Health Executive Committee）、政策委员会（Policy Board）。

【会员类型】机构

【会员机构】149 个机构，来自以下国家：*亚洲*：阿富、亚、孟、中、格、印、印尼、伊朗、以、日、约、哈、韩、吉、黎、马、蒙、尼、巴、巴勒、菲、新、斯里、塔、泰、土；*欧洲*：俄、阿、奥、白、比、波黑、保、克、捷、丹、

爱沙、芬、法、德、希、梵、匈、爱、意、拉、立、摩尔、黑、荷、北、挪、波、葡、罗、塞尔、斯、斯洛、西、瑞典、瑞士、乌克兰、英；*非洲*：阿尔、贝、布基、喀、埃、埃塞、加纳、肯、马达、毛求、摩、莫、尼日、卢旺、塞内、南非、苏、坦桑、突、乌干、赞；*大洋洲*：澳、新西；*北美洲*：加、古、多米尼加、危、洪、墨、尼加、美；*南美洲*：阿根、玻、巴西、智、哥伦、厄、秘、乌。另有 8 个国际组织会员：欧洲医学科学院联合会（Federation of European Academies of Medicine）、全球青年学院（Global Young Academy）、发展中国家科学院（The World Academy of Sciences for the Advancement of Science in Developing Countries）、伊斯兰世界科学院（Islamic World Academy of Sciences）、非洲科学院（African Academy of Sciences）、加勒比地区科学院（Caribbean Academy of Sciences）、世界艺术与科学研究院（World Academy of Art and Science）、拉丁美洲科学院（Latin American Academy of Sciences），国际观察员组织包括：加勒比科学联盟（The Caribbean Scientific Union）、国际科学理事会（International Science Council）、欧洲科学院联盟（ALL European Academies）、欧洲地中海学术网络（Euro-Mediterranean Academic Network）、发展中国家妇女科学组织（Organization for Women in Science for the Developing World）

【现任主席】2022－2024 年：Margaret A. Hamburg（美）；Masresha Fetene（埃塞）

【近十年主席】2017－2021 年：刘德培（中）；Richard Catlow（英）

【出版物】不定期发布各类研究报告和政策建议性报告，如《建筑物脱碳：为了气候、健康与就业》（Decarbonisation of Buildings: For Climate, Health and Jobs）、《用于作物改良的基因编辑》（Genome Editing for Crop Improvement）、《面向非洲粮食安全和减贫的科技创新》（Science, Technology & Innovation for Food Security & Poverty Alleviation in Africa）等。

【例会周期】3 年举行一次全体大会，2010 年在英国伦敦举行，2013 年在巴西里约热内卢举行，2016 年在中国北京举行，2019 年在韩国松岛举行，2022 年在美国图森举行。

【对外资助计划】科学教育计划（Science Education Programme）：旨在推动初等和中等教育机构的科学教育，为学生提供与科学家互动和交流的机会；青年医师领袖计划（Young Physician Leaders）：旨在培养 40 岁以下的青年医疗卫生工作者，帮助他们建立同行网络和提升能力；面向减贫的科学（Science for Poverty Eradication）：旨在发挥各国科学院的作用，推动减贫和经济的可持续发展转型。

【经费来源】会费、意大利政府资助

【与中国的关系】中国科学院、中国工程院是 IAP 会员机构。中国工程院院士刘德培曾担任 IAP 联合主席，中国科学院院士张涛曾担任 IAP 政策委员会成员，中国科学院院士李静海曾担任 IAP 执行委员会委员，中国科学院院士周光召曾担任 IAP 指导委员会委员，中国科学院院士陈竺曾担任 IAP 联合主席和执行委员会委员。2016 年，IAP 全体大会在中国科学院召开，来自美国、英国、印度、巴西等 20 多个国家的国家科学院和来自欧洲、美洲、非洲和亚洲等地区科学院组织的近 50 位代表参加会议。

【官方网站】https://www.interacademies.org/

7. 国际人口科学研究联盟

【英文全称和缩写】International Union for the Scientific Study of Population，IUSSP

【组织类型】国际非政府组织（INGO）

【成立时间】1928 年

【总部（或秘书处）所在地】法国巴黎

【宗旨】促进人口科学研究，鼓励全球科研人员之间的交流，并激发对人口问题的兴趣。

【组织架构】设理事会（Council）和多个科学小组（Scientific Panels）

【会员类型】个人

【现任主席】2022－2025 年：Shireen Jejeebhoy（印）

【现任副主席】2022－2025 年：Laura Rodriguez Wong（秘）

【近十年主席】2010－2013 年：Peter F. McDonald（澳）；2014－2017 年：Anastasia Gage（塞拉）；2018－2021 年：Tom Legrand（加）

【出版物】《国际人口研究》（International Studies in Population）

【系列学术会议】4 年举办一届国际人口会议（International Population Conference），2017 年在南非开普敦举办，会议规模约 1900 人；2021 年在线上举办。

【授予奖项】桂冠奖（IUSSP Laureate Award）：表彰 IUSSP 杰出会员的终身成就，每年颁发一次；马太·杜甘基金会奖（Mattei Dogan Foundation Award）：表彰处于职业生涯中期的学者所取得的成就，每 4 年在 IUSSP 国际人口会议上颁发一次。

【经费来源】会员会费、各国的捐赠、基金会的资助。

【与中国的关系】1997 年，在中国北京召开了国际人口会议。北京大学人口研究所曾毅教授曾于 2006－2009 年担任 IUSSP 理事会成员。2010 年，福建师范大学朱宇研究员受聘担任 IUSSP "发展中国家国内迁移和城市化的作用"专家组主席。2021 年，北京大学曾毅教授获 IUSSP 桂冠奖。

【官方网站】https://iussp.org/en

8. 国际人类学与民族学联合会

【英文全称和缩写】The International Union of Anthropological and Ethnological Sciences，IUAES

【组织类型】国际非政府组织(INGO)

【成立时间】1948 年

【总部(或秘书处)所在地】日本大阪

【宗旨】致力于在共同努力扩大人类知识的基础上，增进世界各地学者之间的交流与沟通。

【组织架构】设执行委员会(Executive Committee)、科学委员会理事会(Council of Commissions)，以及数十个科学委员会(Commissions)

【会员类型】个人

【现任主席】2018－2023 年：Junji Koizumi(日)

【现任副主席】2018－2023 年：Subhadra Channa(印)；Sumita Chaudhuri(印)；Maria Victoria Chenaut(墨)；Sachiko Kubota(日)；Saša Missoni(克)；Soumendra Mohan Patnaik(印)

【近十年主席】2009－2013 年：Peter J. M. Nas(荷)；2013－2018 年：Faye Venetia Harrison(美)

【系列学术会议】5 年召开一次 IUAES 与世界人类学联合大会(IUAES Congresses & World Anthropology Congresses)，2009 年在中国昆明召开第 16 届大会，2013 年在英国曼彻斯特召开第 17 届大会，2018 年在巴西弗洛里亚诺波利斯召开第 18 届大会，2023 年在印度新德里召开第 19 届大会。

【与中国的关系】中国社会科学院张继焦研究员现担任 IUAES 科学委员会理事会副主任。2009 年，第 16 届 IUAES 与世界人类学联合大会在中国昆明举办。

【官方网站】https://www.waunet.org/iuaes/

9. 国际社会学协会

【英文全称和缩写】International Sociological Association，ISA

【组织类型】国际非政府组织(INGO)

【成立时间】1949 年

【总部(或秘书处)所在地】西班牙马德里

【宗旨】致力于在全世界范围内推广社会学知识。

【组织架构】设理事会大会(Assembly of Councils)、国家协会理事会(Council of National Associations)、研究理事会(Research Council)、执行委员会(Executive Committee)。

【会员类型】机构、个人(6000 余人)

【会员机构】161 个机构,来自以下国家:*亚洲*:亚、阿塞、孟、印、印尼、伊朗、以、日、哈、韩、黎、蒙、尼、巴、巴勒、菲、沙特、叙、中、土、阿联酋、越;*欧洲*:阿、奥、比、保、克、塞、捷、丹、爱沙、芬、法、德、希、匈、意、立、北、摩尔、荷、挪、波、葡、罗、俄、塞尔、斯、斯洛、西、瑞典、瑞士、乌克兰、英;*非洲*:贝、埃塞、南非、突、坦桑、乌干;*大洋洲*:澳、新西;*北美洲*:加、墨、美;*南美洲*:阿根、巴西、智、哥伦、厄、巴拉、秘、乌、委

【现任主席】2018—2023 年:Sari Hanafi(黎)

【现任副主席】2018—2023 年:Geoffrey Pleyers(比);Filomin Gutierrez(菲);EloÍSa Martin(阿联酋);Sawako Shirahase(日)

【近十年主席】2010—2014 年:Michael Burawoy(英);2014—2018 年:Margaret Abraham(美)

【出版物】《当代社会学》(Current Sociology)、《国际社会学》(International Sociology)、《国际社会学评论》(International Sociology Review)

【系列学术会议】4 年召开一次 ISA 世界社会学大会(ISA World Congress of Sociology),2010 年在瑞典哥德堡召开第 17 届大会,2014 年在日本横滨召开第 18 届大会,2018 年在加拿大多伦多召开第 19 届大会,2023 年在澳大利亚墨尔本召开第 20 届大会。4~5 年召开一次社会学论坛(ISA Forum of Sociology),2008 年在西班牙巴塞罗那召开第 1 届论坛,2012 年在阿根廷布宜诺斯艾利斯召开第 2 届论坛,2016 年在奥地利维也纳召开第 3 届论坛,2021 年在巴西阿雷格里港举行第 4 届论坛。

【授予奖项】卓越研究与实践奖(Award for Excellence in Research and Practice):授予对社会学知识和实践做出杰出贡献的社会学家,每 4 年颁发一次;马太·杜甘基金会奖(Foundation Mattei Dogan Prize):授予在专业领域享有很高地位和国际声誉的社会学家,以表彰其终身成就,每 4 年颁发一次。

【经费来源】会费、出版收入、捐款

【官方网站】http://www.ucm.es/info/isa/

10. 国际实验室认可合作组织

【英文全称和缩写】International Laboratory Accreditation Cooperation，ILAC

【组织类型】国际非政府组织（INGO）

【成立时间】1977 年

【总部（或秘书处）所在地】秘书处位于澳大利亚悉尼

【宗旨】致力于推动和协调实验室和检验机构认可工作，在成员机构之间建立基于同行评议的国际互认协议。

【组织架构】设大会（General Assembly）、执行委员会（Executive Committee）、协议理事会（Arrangement Council）、协议管理委员会（Arrangement Management Committee）、协议委员会（Arrangement Committee）、认可委员会（Accreditation Committee）、营销和传播委员会（Marketing & Communications Committee）、联合发展支持委员会（Joint Development Support Committee）、实验室委员会（Laboratory Committee）、检查委员会（Inspection Committee）、财务审计委员会（Financial Audit Committee）。

【会员类型】机构

【会员机构】152 个机构，来自以下国家：*亚洲*：孟、中、日、印、印尼、以、约、哈、韩、吉、马、蒙、尼、菲、斯里、巴、土、阿联酋、越；*欧洲*：阿、奥、白、比、波黑、保、克、塞、捷、丹、芬、法、德、希、匈、爱、意、塞尔、卢、摩尔、荷、挪、波、葡、北、罗、斯、斯洛、西、瑞士、瑞典、乌克兰、英、俄；*非洲*：阿尔、埃、埃塞、肯、毛求、尼日、南非、突；*大洋洲*：澳、新西；*北美洲*：加、哥斯、古、多米尼加、萨、危、牙、墨、尼加、美；*南美洲*：阿根、巴拉、巴西、秘、厄、哥伦、乌、智

【现任主席】Etty Feller（以）

【现任副主席】Maribel Lopez（墨）

【经费来源】会费

【与中国的关系】1996 年，中国实验室国家认可委员会、中国国家进出口商品检验实验室认可委员会等 44 个实验室认可机构签署了成立 ILAC 的谅解备忘录，成为 ILAC 的首批正式全权会员。2010 年，ILAC 与"国际认可论坛"（International Accreditation Forum）的联合大会在上海召开。

【官方网站】http://www.ilac.org/

11. 国际史前与原史科学协会

【英文全称和缩写】The International Union of Prehistoric and Protohistoric Sciences，IUPPS（法语缩写 UISPP）

【组织类型】国际非政府组织（INGO）

【成立时间】1931 年

【总部（或秘书处）所在地】法国巴黎

【宗旨】作为国际哲学与人文科学理事会（CIPSH）成员，致力于为史前与原史科学相关领域的研究者提供交流的平台。

【组织架构】设大会、执行委员会、科学委员会

【会员类型】个人

【现任主席】François Djindjian（法）

【现任副主席】Abdulaye Camara（塞内）；Erika Robrahn Gonzalez（巴西）

【出版物】《国际史前与原史科学协会杂志》（UISPP Journal）

【系列学术会议】3～5 年举行一次世界大会（UISPP World Congress），2006 年在葡萄牙里斯本召开第 15 届大会，2011 年在巴西弗洛里亚诺波利斯召开第 16 届大会，2014 年在西班牙布尔戈斯召开第 17 届大会，2018 年在法国巴黎召开第 18 届大会，2021 年在摩洛哥梅克内斯召开第 19 届大会。

【授予奖项】荣誉奖（Prix d'Honneur）、大型长期考古发掘工程奖（Prix du Grand Chantier de Fouilles Archéologiques de Longue Durée）、考古调解奖（Prix de la Médiation Archéologique）、现场专著及综合著做出版奖（Prix de la Publication de la Monographie de Site et du Livre de Synthèse）、论文奖（Prix de Thèse）。

【经费来源】会费、捐款等

【官方网站】https://uispp.org/

12. 国际协会联盟

【英文全称和缩写】Union of International Associations，UIA

【组织类型】国际非政府组织（INGO）

【成立时间】1907 年

【宗旨】鼓励和促进国际协会之间、国际协会与公共部门之间、国际协会与私营部门之间的合作，提供关于全球民间社会行为者的易于获取、可靠和全面的信息。

【总部(或秘书处)所在地】比利时布鲁塞尔

【组织架构】设理事会、理事会主席团、委员会、特别委员会、秘书处。

【会员类型】机构、个人

【会员机构】73 个机构，来自以下国家：*亚洲*：阿联酋、菲、韩、马、日、泰、土、新、印尼、中；*欧洲*：爱、奥、比、波、德、俄、法、芬、荷、拉、卢、摩纳哥、挪、葡、瑞士、西、匈、英；*非洲*：埃、南非、乌干；*大洋洲*：澳、新西；*北美洲*：加、美

【现任主席】Cyril Ritchie(瑞士)

【现任副主席】Marilyn Mehlmann(瑞典)；Dragana Avramov(比)

【出版物】《国际组织年鉴》(Yearbook of International Organizations)、《国际会议日历》(International Congress Calendar)、《国际会议统计报告》(International Meetings Statistics Report)

【例会周期】每年举行 UIA 欧洲圆桌会议和亚太地区圆桌会议。

【经费来源】捐款、广告、赞助、出版物销售收入、会员会费

【官方网站】http://www.uia.org

13. 国际应用系统分析研究所

【英文全称和缩写】International Institute for Applied System Analysis, IIASA

【组织类型】国际非政府组织(INGO)

【成立时间】1972 年

【总部(或秘书处)所在地】奥地利维也纳

【宗旨】针对气候变化、能源安全等无法由单个国家或学科解决的复杂问题，开展政策导向型研究。

【组织架构】由理事会管理，下设执行委员会，财务、风险和审计委员会，会员委员会，研究与参与委员会，科学顾问委员会。

【会员类型】机构

【会员机构】来自以下国家：*亚洲*：中、印、印尼、伊朗、以、日、约、韩、马、越；*欧洲*：奥、芬、德、挪、俄、斯、瑞典、乌克兰、英；*非洲*：埃、南非；*北美洲*：墨、美；*南美洲*：巴西

【现任总干事】2018 年至今：Albert van Jaarsveld(南非)

【现任副总干事】2022 年至今：Wolfgang Lutz (奥)

【近十年总干事】2009－2012 年：Detlof von Winterfeldt(美)；2012－2018年：Pavel Kabat(荷)

【系列学术会议】每年举办一次系统分析区域大会(Systems Analysis Regional Conferences)，2019 年在巴西里约热内卢举办第 1 届，2020 年在南非比勒陀利亚举办第 2 届，2021 年在俄罗斯莫斯科举办第 3 届。

【对外资助计划】青年科学家暑期计划(Young Scientists Summer Program)：每年资助全球 50 个国家的青年科学家开展国际交流活动；女性科学基金(Women in Science Fund)：为女性科学家提供国际交流的机会；博士后奖学金(Peter E. de Jánosi Postdoctoral Fellowship)：资助参加 IIASA 的博士后项目。

【经费来源】主要来自会员所在国的科学资助机构、科研机构、企业、国际组织和个人的捐赠。

【官方网站】https://iiasa.ac.at/

14. 国际哲学与人文科学理事会

【英文全称和缩写】International Council for Philosophy and Human Sciences，CIPSH(为法语名"Conseil International de la Philosophie et des Sciences Humaines"的缩写)

【组织类型】国际非政府组织(INGO)

【成立时间】1949 年

【总部(或秘书处)所在地】法国巴黎

【宗旨】作为联合国教育、科学及文化组织(UNESCO)下属的非政府组织，致力于协调相关领域的国际研究活动，推动知识交流。

【组织架构】设全体大会、执行委员会、理事会

【会员类型】机构

【会员机构】21 个：亚洲新人文网络(Asian New Humanities Network)、欧洲人文文化综合景观管理协会(Humanities European Association for Culturally Integrated Landscape Management)、中国社会科学院(Chinese Academy of Social Sciences)、国际人文中心和研究所联盟(Consortium of Humanities Centers and Institutes)、国际语言学家常务委员会(Permanent International Committee of Linguists)、国际历史科学委员会(International Committee of Historical Sciences)、欧洲人文学院和中心联盟(European Consortium for Humanities Institutes and Centres)、国际古典研究协会联合会(International Federation of Associations of Classical Studies)、国际现代语言和文学联合会(International Federation for Modern Languages and Literatures)、国际哲学学会联合会(International Federation of Societies of Philosophy)、国际美学协会

（International Association for Aesthetics）、国际宗教史协会（International Association for the History of Religions）、国际地缘伦理促进协会（International Association for Promoting Geoethics）、国际地理联合会（International Geographical Union）、国际积极心理学协会（International Positive Psychology Association）、国际科技史与科技哲学联盟科技史分会（International Union of History and Philosophy of Science Division of History of Science and Technology）、国际科技史与科技哲学联盟（International Union of History and Philosophy of Science and Technology）、世界语言多样性网络（World Network for Linguistic Diversity）、国际学术联合会（International Academic Union）、国际史前与原史科学协会（International Union of Prehistoric and Protohistoric Sciences）、世界人类学联合会（World Anthropological Union）

【现任主席】2020－2023 年：Luiz Oosterbeek（葡）

【现任副主席】2020－2023 年：Luísa Migliorati（意）；Catherine Jami（法）

【近十年主席】2017－2020 年：朝戈金（中）

【出版物】《多样性》（Diversities）、《国际社会科学杂志》（International Social Science Journal）、《世界社会科学报告》（World Social Science Report）

【系列学术会议】4 年召开一次世界人文大会（World Humanities Conference），2017 年在比利时列日召开。

【与中国的关系】中国社会科学院学部委员朝戈金曾于 2017－2020 年担任 CIPSH 主席，于 2020－2023 年担任 CIPSH 执行委员会委员和理事会成员。中国社会科学院哲学研究所陈霞研究员、清华大学中国语言文学系刘禾教授于 2020－2023 年担任 CIPSH 执行委员。

【经费来源】会费、捐款、出版收入、研究项目经费、项目合同收入

【官方网站】http://cipsh.net/htm/

15. 发展中国家科学院

【英文全称和缩写】The World Academy of Sciences for the Advancement of Science in Developing Countries，TWAS（原名"第三世界科学院"（The Third World Academy of Sciences））

【组织类型】国际非政府组织（INGO）

【成立时间】1983 年

【总部（或秘书处）所在地】意大利里雅斯特

【宗旨】致力于推动发展中国家的科技发展。

【组织架构】设理事会、指导委员会

【会员类型】个人，共有 TWAS 院士约 1300 人

【现任院长】2023－2026 年：Quarraisha Abdool Karim（南非）

【现任副院长】2023－2026 年：Olubukola O. Babalola（尼日）；Sabah AlMomin（科）；Muhammad Iqbal Choudhary（巴）；侯建国（中）；Helena B. Nader（巴西）；Mohamed Jamal Deen（加）

【近十年院长】2010－2012 年：Jacob Palis（巴西）；2013－2018 年：白春礼（中）；2019－2022 年：Mohamed H.A. Hassan（苏）

【出版物】《TWAS 年报》（TWAS Annual Reports）、《TWAS 通讯》（TWAS Newsletter）

【例会周期】每两年一次召开 TWAS 院士大会（General Meeting）。

【对外资助计划】为资助发展中国家的科研人员和研究生购买研究设备从事研究活动，设有：基础科学研究资助项目（TWAS Research Grants Programme in Basic Sciences）、非洲新首席研究员种子资助项目（Seed Grant for New African Principal Investigators）、伊斯兰开发银行-TWAS 联合研究与技术转让资助项目（ISDB-TWAS Joint Research & Technology Transfer Grant）、OWSD 早期职业奖学金（OWSD Early Career Fellowship）。

【授予奖项】TWAS 奖（TWAS Awards）：表彰农业、生物、化学、地学与天文学、工程、数学、医学、物理学、社会科学 9 个领域的杰出科学家，两年颁发一次；区域奖（TWAS Regional Awards）：由 TWAS 的五个区域办公室资助，奖励在科普、科学教材开发、科研机构建设、科学外交领域做出杰出贡献的个人；阿卜杜斯·萨拉姆奖章（TWAS-Abdus Salam Medal）：表彰对第三世界国家的科技发展做出杰出贡献的科学家，不定期颁发；演讲奖（TWAS Medal Lectures）：表彰持续通过演讲的方式在自己的研究领域做出贡献的个人；TWAS-中国科学院前沿科学青年科学家奖（TWAS-CAS Young Scientists Award for Frontier Science）：表彰在天文学和航天领域取得杰出科学成就的发展中国家 45 岁以下青年科学家；阿塔·拉曼化学奖（TWAS-Atta-ur-Rahman Award in Chemistry）：表彰来自科技落后国家的 40 岁以下的杰出化学家；萨米拉·奥马尔可持续创新奖（TWAS—Samira Omar Innovation for Sustainability Award）：表彰来自科技落后国家的在可持续发展创新领域做出杰出贡献的科学家，每年颁发一次；法伊扎·哈拉菲奖（TWAS-Fayzah M. Al-Kharafi Award）：表彰来自科技落后国家的杰出女性医学家；阿卜杜勒·卡里姆生物科学奖（TWAS-Abdool Karim Award in Biological Sciences）：表彰非洲低收入国家的杰出女性生物科学

家；联想科学奖(TWAS-Lenovo Science Award)：表彰发展中国家各领域的杰出科学家；成思危经济学奖(TWAS Siwei Cheng Award in Economic Sciences)：表彰在发展中国家生活和工作 10 年以上的杰出经济学家，两年颁发一次；穆罕默德·哈姆丹奖(TWAS - Mohammad A. Hamdan Award)：表彰来自非洲或阿拉伯地区的杰出数学家；拉奥科学研究奖(TWAS-C.N.R. Rao Award for Scientific Research)：表彰来自最不发达国家的杰出科学家。

【经费来源】国际原子能机构、联合国教育、科学及文化组织、意大利政府及其他政府或非政府组织的捐款

【与中国的关系】中国于 1983 年加入 TWAS。中国科学院院士路甬祥曾于 1998－2003 年担任 TWAS 副院长，白春礼院士曾于 2007－2012 年担任 TWAS 副院长、2013－2018 年担任 TWAS 院长，侯建国院士于 2023－2026 年担任 TWAS 副院长。中国科学院和 TWAS 合作设立了多个卓越中心：中国科学院-TWAS 绿色技术卓越中心(CEGT)位于中国科学院过程工程研究所；中国科学院-TWAS 水资源研究所水与环境卓越中心(CEWE)位于中国科学院生态环境科学研究中心；中国科学院-TWAS 气候与环境科学卓越中心(ICCES)位于中国科学院大气物理研究所；中国科学院-TWAS 新发突发传染病研究与交流卓越中心(CEEID)、中国科学院-TWAS 生物技术卓越中心(CoEBio)均位于中国科学院微生物研究所。2012 年 9 月，TWAS 第十二届学术大会暨第二十三届院士大会在中国天津举办。2022 年 11 月，TWAS 第十六届学术大会既第三十届院士大会在中国杭州举办。

【官方网站】https://twas.org/

16. "一带一路"国际科学组织联盟

【英文全称和缩写】Alliance of International Science Organizations，ANSO
【组织类型】国际非政府组织(INGO)
【成立时间】2018 年
【总部(或秘书处)所在地】秘书处位于中国北京
【宗旨】共建"一带一路"科技创新共同体，促进各国经济社会可持续、高质量发展，聚焦"一带一路"区域共性挑战和重大需求，促进各国科技创新政策的沟通和战略对接，共同组织实施重大科技合作计划，推动创新能力的相互开放合作和创新资源、数据的开放共享，加大创新人才联合培养力度，共同提升科技创新能力。

【组织架构】设 ANSO 联盟大会、执行理事会、秘书处，秘书处下设五个

部门：综合与人事部、对外联络与宣传部、项目规划与战略咨询部、能力建设与培训部、财务部。

【会员类型】机构，包括各国科学院、政府机构、国际组织

【会员机构】共 67 个，包括 9 个理事会成员：中国科学院、俄罗斯科学院、泰国科技发展署、巴基斯坦科学院、匈牙利科学院、乔莫·肯尼亚塔农业与技术大学、联合国教育、科学及文化组织、巴西科学院、土耳其科技研究委员会，以及其他 58 个会员机构：亚美尼亚科学院、孟加拉国工程技术大学、白俄罗斯科学院、比利时皇家海外科学院、保加利亚科学院、智利大学、香港中文大学、澳门大学、埃及国家研究中心、伊朗进步发展中心、哈萨克斯坦科学院、吉尔吉斯斯斯坦科学院、墨西哥高等研究中心、蒙古科学院、摩洛哥哈桑二世科学院、尼泊尔特里布文大学、新西兰奥克兰大学、波兰科学院、罗马尼亚科学院、斯洛文尼亚科学与艺术院、斯里兰卡佩拉德尼亚大学、斯里兰卡卢胡纳大学、塔吉克斯坦科学院、泰国国家科学与创新研究院、乌兹别克斯坦科学院、欧洲科学与艺术院、国际山地综合发展中心、发展中国家科学院、国际动物协会、北京师范大学、南方科技促进可持续发展委员会、尼泊尔科学院、泰国亚洲理工学院、孟加拉国贾汉吉尔纳加尔大学、老挝国立大学、马来西亚玛拉工艺大学沙捞越校区、马来西亚拉曼大学、约旦皇家科学学会、塞尔维亚科学院、塞尔维亚贝尔格莱德大学、塞尔维亚国际政治经济研究所、斯洛伐克科学院、北马其顿科学院、雅典科学院、黑山下戈理察大学、黑山科学与艺术学院、克罗地亚萨格勒布大学、西班牙加那利群岛天体物理研究所、巴西奥斯瓦尔多·克鲁兹基金会、乌拉圭共和国大学、厄瓜多尔雅才理工大学、古巴科学院、阿根廷射电天文学研究所、阿根廷国家科技大学布宜诺斯艾利斯分校、阿根廷圣胡安国立大学、埃塞俄比亚安博大学、非洲科学院、塞内加尔科学与技术院

【现任主席】2018－2022 年：白春礼（中）

【现任副主席】2018－2022 年：Gennady Krasnikov（俄）、Sukit Limpijumnong（泰）

【例会周期】每两年召开一次联盟大会，每年召开一次 ANSO 执行理事会会议，每年在北京不定期举办若干次研讨会。

【对外资助计划】ANSO 奖学金：为硕士和博士生提供奖学金资助；ANSO 培训项目：天然产物与药物发现培训计划、ANSO 生物多样性和健康大数据国际培训计划、"一带一路"水稻农业技术创新转移高级培训计划、"一带一路"大健康论坛、"一带一路"领导力与可持续发展培训班；ANSO 联合研究项目：支持会员机构、科研机构、大学、国际组织间的研究合作，聚焦环境变化、绿色发展、可持续发展等紧迫需求，特别关注的科学问题有：气候变化、自然灾

害、水资源与水安全、空气污染与人类健康、生态系统与生物多样性、预防荒漠化、能源安全、面向可持续发展的科技战略与政策、大数据；特别关注的人类福祉问题有：农业与粮食安全、公共健康、减贫、灾害预防、技术转移。

【授予奖项】为了奖励世界各地的个人和组织在促进和支持科学、技术和创新领域的杰出成就，设立"科学、技术和创新跨区域、多部门、多学科合作促进和支持奖"，共两大类，一类是面向个人的 ANSO 科技合作发展奖，包括终身成就奖、杰出贡献奖、杰出女性奖、青年人才奖、合作促进奖；另一类是面向机构的 ANSO 科技合作发展奖，包括杰出贡献奖、杰出进步奖。

【与中国的关系】ANSO 秘书处挂靠中国科学院青藏高原研究所。中国科学院白春礼院士现担任 ANSO 主席。2021 年 12 月，大湾区科学论坛由 ANSO 发起，广东省人民政府主办。

【官方网站】http://www.anso.org.cn/ch/